5 가지 색을 더한

영양듬뿍 다이어트 레시피

아침, 점심, 저녁, 디저트, 밀프렙까지

5 가지 색을 더한

영양듬뿍 다이어트 레시피

미네스푼 **최민혜** 지음

항산화

활력

디톡스

동안

면역력

Booksgo

PROLOGUE

다이어트를 하는 사람들에게

새롭고 더 맛있는 먹거리가 하루가 다르게 생겨나고 있죠. 다이어트는 더 이상 평생 해야 할 숙제가 아니라 인생을 함께하는 동반자로 생각하는 것이 좋을 것 같아요. 다이어트는 단지 살을 빼는 것에서 끝나는 것이 아니라 내 몸을 위해 건강하게 좋은 음식을 먹는 것을 의미하기 때문이에요. 에너지를 보충해 일상생활을 할 수 있도록 하는 것이 음식을 먹는 이유이지만 잘 차려진 음식은 보기에도 좋고 먹기에도 좋아요.

이 책에서는 다이어트를 할 때 몇 가지의 재료로 예쁘고 영양까지 갖춘 건강한 한 끼 식사를 얼마든지 만들고 즐길 수 있도록 했어요.

특히 다섯 가지 색에 주목한 이유는 파이토케미컬 때문이에요. 파이토케미컬은 '식물생리활성 영양소'로 불리고 일반적으로 알고 있는 탄수화물, 단백질, 지방, 비타민, 무기질, 식이섬유와는 다른 영양소예요. 나쁜 건 낮추고, 좋은 건 올려주는 몸에 좋은 성분이랍니다. 좋은 식재료의 조화와 균형으로 건강을 유지하기 위해서는 다양한 색의 재료로 요리를 해 먹는 것이 좋아요.

다이어트에서는 식단이 많은 역할을 해요. 그리고 식단의 대부분을 차지하는 닭 가슴살, 고구마, 샐러드만 먹고 평생을 살 수는 없어요. 건강하고 맛있게 먹을 수 있고 꾸준히 할 수 있는 요리를 만들고 싶은 마음을 담았어요. 한 끼의 소중함을 알기에 아무거나 먹을 수 없다는 강한 의지를 담아 레시피를 만들었어요.

다이어트는 나에게 맞는 방법을 찾는 것이 지치지 않고 건강하게 오래 다이어트를 할 수 있는 비결이라 생각해요.

이 책을 읽는 여러분은 건강한 삶을 위한 선택이 나를 행복하게 만드는지 꼭 한 번 생각해 보았으면 좋겠어요.

> *다이어트는 음식의 무게를 재고 정신을 무장해야 하는 금기 사항들의 노예가 되는 것이 아니다. 자고 일어나면 완벽한 몸매가 되는 획기적인 방법 역시 아니다. 사실상 그런 다이어트는 지구상에 없다.*
>
> *—《스마트 푸드 다이어트 中에서》*

미네스푼 최민혜

INTRO

요리를 시작하기 전에

미리 준비하는 밀프렙

Chapter 1

햇살 가득 엣지있게 아침

Chapter 2

색깔 가득 든든하게 점심

Chapter 3

단백 가득 포근하게 저녁

Chapter 4

힐링 가득 특별하게 디저트

Chapter 5

행복 가득 근사하게 투게더

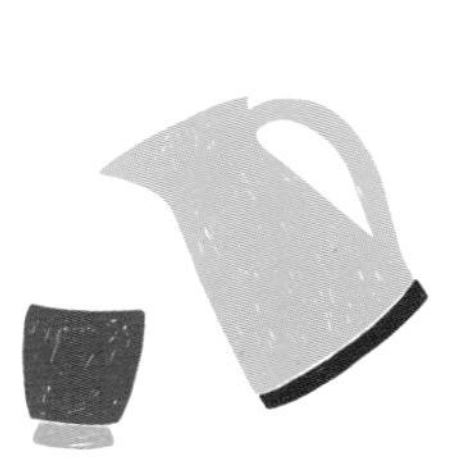

Chapter 6

지나치면 아쉬운 그날

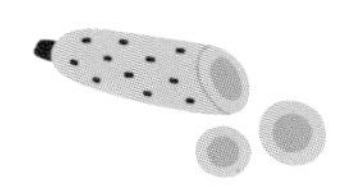

스페셜 레시피

입맛에 맞게 드레싱 만들기

단백질을 채워 줄 다양한 닭 가슴살 레시피

이 책의 포인트 한 눈에 보기

- **다양한 영양소 섭취**

  서로 다른 색의 채소를 사용하여 자연스럽게 다양한 영양소를 섭취할 수 있도록 밸런스를 맞추었어요.

- **저염 저당 재료**

  양념, 오일 사용을 최소화하고 대체할 수 있는 재료를 사용하여 칼로리의 부담을 줄였어요.

- **다양한 구성**

  쉽게 따라 할 수 있고 지속 가능한 식단부터 근사하게 즐길 수 있도록 레시피와 필요한 팁까지 상세하게 담았어요.

- **부담 없는 디저트**

  포기할 수 없고 기분에 따라 찾게 되는 디저트를 쉽게 따라 만들어 먹을 수 있도록 구성했어요.

- **마음의 힐링**

  다이어트에 지쳐있는 마음을 시각적으로 먼저 힐링시켜 줄 수 있는 알록달록한 컬러 레시피를 다양하게 담았어요.

이 책의 사용설명서

맛있고 다양한 다섯 가지 색의 레시피의 자세한 재료와 요리에 관한 팁으로 구성되어 있습니다. 요리를 만들기 전에 읽어 보고 시작하세요.

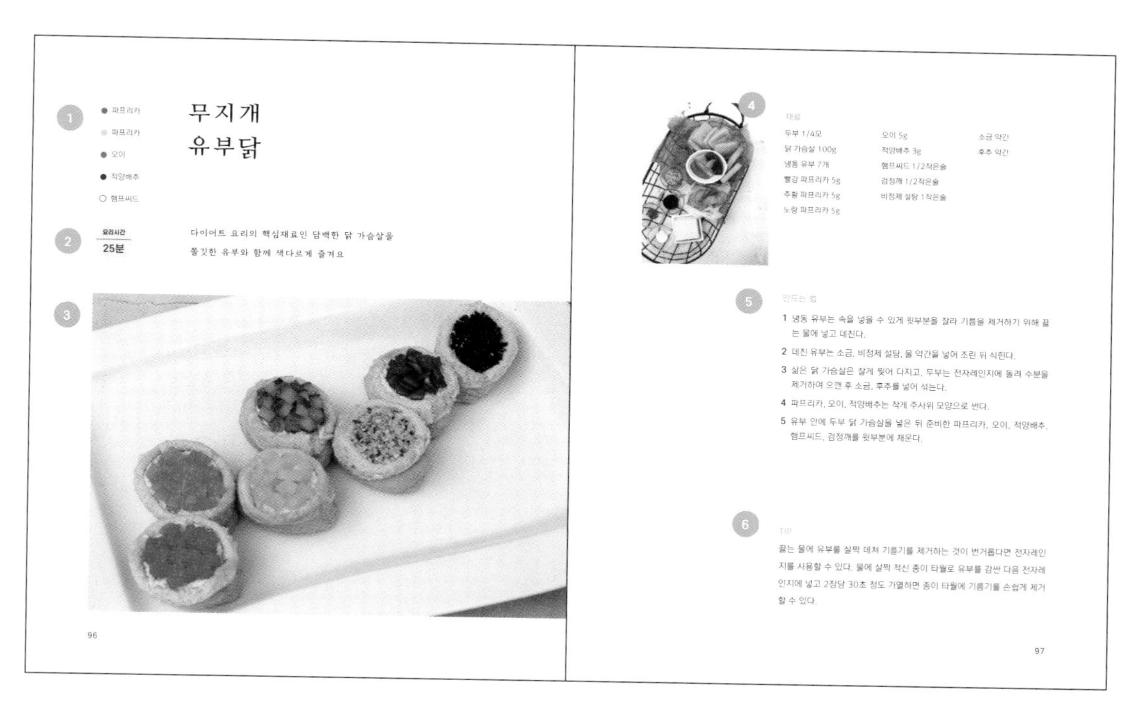

1
● 파프리카
● 파프리카
● 오이
● 적양배추
○ 햄프씨드

무지개
유부닭

2
요리시간
25분

다이어트 요리의 핵심재료인 담백한 닭 가슴살을
쫄깃한 유부와 함께 색다르게 즐겨요

3

96

4
재료
두부 1/4모
닭 가슴살 100g
냉동 유부 7개
빨강 파프리카 5g
주황 파프리카 5g
노랑 파프리카 5g
오이 5g
적양배추 3g
햄프씨드 1/2작은술
검정깨 1/2작은술
비정제 설탕 1작은술
소금 약간
후추 약간

5
만드는 법
1 냉동 유부는 속을 넣을 수 있게 윗부분을 잘라 기름을 제거하기 위해 끓는 물에 넣고 데친다.
2 데친 유부는 소금, 비정제 설탕, 물 약간을 넣어 조린 뒤 식힌다.
3 삶은 닭 가슴살은 잘게 찢어 다지고, 두부는 전자레인지에 돌려 수분을 제거하여 으깬 후 소금, 후추를 넣어 섞는다.
4 파프리카, 오이, 적양배추는 작게 주사위 모양으로 썬다.
5 유부 안에 두부 닭 가슴살을 넣은 뒤 준비한 파프리카, 오이, 적양배추, 햄프씨드, 검정깨를 윗부분에 채운다.

6
TIP
끓는 물에 유부를 살짝 데쳐 기름기를 제거하는 것이 번거롭다면 전자레인지를 사용할 수 있다. 물에 살짝 적신 종이 타월로 유부를 감싼 다음 전자레인지에 넣고 2장당 30초 정도 가열하면 종이 타월에 기름기를 손쉽게 제거할 수 있다.

97

이 책의 레시피는 1인분을 기준으로 해요.

1. **다섯 가지 색** | 요리에 사용한 채소의 색을 한 눈에 보여드려요. 다양한 색을 골고루 담아 영양 만점 요리로 구성했어요.
2. **준비시간** | 재료를 준비하고 요리하는 시간을 알려드려요.
3. **메뉴 사진** | 눈으로 보면 먹고 싶어지는 완성요리의 사진을 보여드려요.
4. **재료 사진** | 재료 사진을 보고 요리에 필요한 재료량을 가늠할 수 있도록 했어요.
5. **요리 과정** | 쉽게 따라 할 수 있도록 자세한 설명을 담았어요. 필요한 경우 사진으로 더 자세하게 표현했어요.
6. **TIP** | 재료 정보, 손질 및 보관법, 간단한 요리 정보 등 다양한 팁을 담았어요.

요리를 시작하기 전에

요리의 하나부터 열까지 차근차근 익숙해질 거예요. 나의 몸을 위해 영양까지 듬뿍 담아 요리할 수 있도록 도와드릴게요.

왜 다이어트를 할 때 먹어야 할까

음식은 단순히 칼로리만 공급하는 것이 아니에요. 몸에 좋다고 해서 하나의 영양분만 과하게 섭취한다면 결국 영양은 불균형이 와요. 섭취하는 영양분의 양과 특성이 바뀌면 우리 몸을 보호해주던 성분이 오히려 나쁜 영향을 끼치기도 해요. 먼저 영양 성분에 대해 알아봅시다.

탄수화물

탄수화물이라고 해서 무조건 몸에 나쁜 것은 아니에요. 탄수화물은 에너지를 제공하는 당질과 생리적 역할을 하는 식이섬유를 포함하고 있어요. 우리 몸에서 뇌와 적혈구, 신경세포는 탄수화물에 들어있는 포도당만을 에너지원으로 이용하므로 우리 몸의 기능유지를 위해서 탄수화물 섭취는 필수적이랍니다. 꼭 섭취해야 하지만 일정 수준 이상의 양보다 많이 섭취할 경우에는 문제가 발생해요.
탄수화물을 섭취할 때는 도정하지 않은 통곡물을 섭취하는 것이 좋아요. 통곡물에는 비타민 말고도 많은 영양소와 포만감과 당분 및 지방 흡수를 조절하는 섬유질을 포함하고 있기 때문이에요.

식이섬유

식이섬유에는 물에 녹는 식이섬유와 물에 녹지 않는 식이섬유가 있어요. 물에 녹지 않는 식이섬유는 대장에서 박테리아에 의해 분해되지 않고 배설되어 장운동이 활발해지도록 도와주고 변비예방과 완화에 도움이 돼요. 전곡, 밀겨, 채소의 껍질이나 줄기 등에 함유되어 있어요. 물에 쉽게 녹는 식이섬유는 부피가 큰 겔을 형성하여 위에서 음식이 오래 머물게 해 혈당이 서서히 올라가고 인슐린이 급격히 올라가는 것을 막아줘요. 또 소장 내에서 당이나 콜레스테롤의 흡수를 방해하고 대장에서 분해되는 특징이 있어요. 과일과 다시마, 미역 등의 해조류 등에 함유되어 있어요.

단백질

단백질은 탄수화물과 마찬가지로 열량이 1g당 4kcal지만 소화와 흡수가 다르게 이루어져요. 탄수화물과 단백질은 같은 양을 섭취했더라도 단백질을 소화시키기 위해 우리 신체에서는 탄수화물을 소화시키는데 비해 더 많은 에너지를 소모해요. 또 같은 양을 먹어도 소화시키기 어려워 위에 오래 머물러 있어 포만감을 오래 유지시켜요.
단백질은 고기, 생선 등의 동물성 공급원 외에도 콩이나 견과류와 같은 식물성 단백질을 통해서 다양하게 섭취할 수 있어요.

지방

지방은 탄수화물, 단백질, 지방 중에서 칼로리가 가장 높은 에너지원이에요. 과하게 섭취하면 비만, 혈액 중에 지방성분이 과하게 함유되어 있는 이상지질혈증 또는 동맥경화가 올 수 있어요. 그러나 지방도 꼭 섭취해야할 필수 영양소 중 하나이고 지방은 체내에서 세포막, 호르몬과 비타민의 재료 등이 되므로 부족하지 않게 섭취해야 해요.
지방은 포화지방과 불포화지방으로 구분할 수 있어요. 포화지방산을 많이 섭취하면 동맥경화의 위험이 높아지지만 불포화지방산은 혈액 안에 있는 지방성분을 줄여 혈류를 좋게 해요. 불포화지방산이 많이 함유된 식품으로는 아보카도, 견과류, 올리브유 등이 있어요.

왜 다이어트를 할 때 줄여야 할까

다이어트는 내 몸을 위해서 하는 일이죠. 이럴 때 내 건강을 위해 덜 달게 먹고, 덜 짜게 먹는 습관을 들이는 것은 어떨까요? 다이어트를 할 때 왜 줄여야 하는지 알아봐요.

당

당과 인슐린은 밀접한 관계를 맺고 있어요. 당을 과하게 섭취하면 체내 인슐린의 농도가 높아져요. 여기서 문제는 인슐린이 당의 대사는 물론 체내에서 일어나는 여러 대사 과정에 영향을 주게 돼요. 당의 섭취를 줄이기 위해서 설탕 대신 천연 감미료나 단맛이 나는 과일류 등을 활용해 보세요.

나트륨

당과 마찬가지로 나트륨도 많이 섭취한다면 몸에 좋지 않은 영향을 주어요. 나트륨은 신체에 수분이 비정상적으로 축적되는 수분 저류를 일으켜 몸을 붓게 하고 체중감량 효과를 느끼지 못하게 해요. 짠맛은 식욕 중추 호르몬을 자극하여 식욕을 일으키며 과식을 하게 만들어요. 나트륨의 과다 섭취는 부종이 발생하는 요인 중 하나이기 때문에 짜게 먹는 것을 피하는 것이 좋아요. 나트륨을 많이 사용하는 대신에 겨자, 마늘, 양파 등 향이 강한 재료를 사용해 소스를 만들거나 오이, 당근, 파프리카 등 채소류를 차가운 상태 그대로 먹는 방법도 음식을 짜게 먹지 않을 수 있는 방법이에요.

왜 다이어트를 할 때
영양을 채워야 할까

다이어트를 할 때는 탄수화물은 줄이고 단백질은 높이는 식단을 많이 선택해요. 다이어트에는 도움이 되지만 영양소의 균형이 깨지기 쉽기 때문에 다섯 가지 색으로 영양까지 채웠어요.

다이어트 식단은 닭 가슴살을 많이 먹고, 고구마를 많이 먹고 이렇게 정해진 공식이 있는 것처럼 느껴져요. 하지만 무언가를 정해서 하는 게 아니라 그냥 내 몸을 위해서 자연스럽게 할 수 있는 것이어야 한다고 생각해요.
치킨을 먹을 때 무조건 먹어야 하는 음식이어서 먹는 것이 아니잖아요. 맛있고 생각나서 먹는 음식인데 치킨처럼 다이어트 음식도 그래야한다고 생각해요.

여러 다이어트 방법을 경험하면서 다이어트 초반에는 어떤 방법으로도 성공해요. 하지만 결국은 요요가 오더라고요. 다이어트로 지친 내게 '다양하고 예쁜 요리를 만들어주자' 그래서 시작한 게 다섯 가지 색을 더한 레시피예요.

매일 바쁜 현대인들은 하루 세끼 모두 레시피대로 만들어 먹기 어렵죠. 그래서 미리 손질해 둘 수 있는 채소, 닭 가슴살 요리를 함께 구성했어요.

세끼 모두 다이어트식으로 먹을 수 없지만 하루 한 끼라도 탄수화물의 양을 줄이고 건강하게 먹으면 좋겠다는 마음을 담아 레시피를 만들었어요. 탄수화물은 낮추고 자연스럽게 단백질 섭취는 늘리고, 다섯 가지 채소로 영양을 채우고 보기 좋게, 맛있게 만들었답니다. 맛없고 오래 하기 힘든 다이어트가 아니라 내 몸을 위해서 물 흐르듯 일상적으로 할 수 있으면 좋겠어요.

다이어트 식단은 3대 영양소의 섭취 비율을 따지고 계산하는 것보다 육류, 생선, 달걀, 곡류, 콩류 등 다양한 음식을 적당히 섭취하는 것이 중요해요. 이 책에서는 3대 영양소와 더불어 다섯 가지 색을 담은 요리를 통해 균형 있는 영양소를 섭취할 수 있도록 다양하게 구성했어요.

왜 다이어트를 할 때 다섯 가지 색으로 영양을 더할까

파이토케미컬은 탄수화물, 단백질, 지방, 식이섬유와는 다른 화학물질이에요. 다섯 가지 색이 가진 영양소가 모두 달라요. 그래서 한 끼에 다섯 가지 색을 더해 음식을 만들면 맛도 좋고 영양을 더한 다이어트 식사를 만들 수 있어요.

파이토케미컬

채소와 과일에 들어있는 식물성 화학물질로, 세포 손상 억제 및 면역기능 향상에 도움을 주는 물질을 말합니다.

항산화 성분이 가득한 빨강

빨간빛을 띠는 채소와 과일에는 라이코펜, 엘라그산, 케르세틴이라는 성분이 들어 있어요. 우리 몸에서 항산화 작용을 도와주고 항암 효과가 있어요. 또 심혈관 질환과 골다공증, 치매를 예방할 수 있게 해요. 스트레스 해소에도 도움을 주고 몸을 해독하고 이뇨작용을 활발하게 해요.

활력을 위한 노랑과 주황

노랑과 주황빛을 띠는 채소와 과일에는 베타카로틴, 루테인, 크립토잔틴이 함유되어 있어요. 노랑과 주황은 암세포가 생기거나 증식하는 것을 막아줘요. 또 간세포를 재생시켜 간 건강을 지켜요. 각종 대사증후군을 예방하고 피부 노화를 억제해요. 장운동을 도와 변비를 예방하고 몸의 노폐물을 배설시키는 효과가 있어요.

디톡스를 도와주는 초록

초록색 채소는 몸의 노폐물을 내보내는데 좋아요. 엽록소, 인돌, 설포라판이 함유되어 있어요. 초록빛을 띄는 채소는 바이러스로 인한 질병을 예방해요. 암세포를 없애거나 증식을 막아주는 효과가 있어요. 성장하는 데 도움을 주고 빈혈을 예방하며 소화를 도와주는 역할을 해요. 또 만성피로를 개선하고 신진대사가 원활하게 이루어지도록 해요.

활성산소를 막아주는 보라와 검정

보라와 검정빛을 띠는 채소와 과일은 안토시아닌, 폴리페놀, 시스테인이 풍부하게 들어 있어요. 또 보라색과 검정색 채소와 과일은 활성산소 생성을 억제하고 중화해요. 신체 기능을 개선시켜주고 뇌 기능을 활성화시켜요. 염증을 개선하고 통증을 완화하며 해열작용에 효과적이에요. 시력의 개선과 눈 건강에 효과가 있어요. 인슐린 분비를 촉진 시켜 당뇨병 예방에도 도움을 줘요.

저항력을 높이는 하양

하얀빛을 띠는 채소와 과일에는 안토크산틴, 알리신, 베타글루칸이 풍부해요. 그래서 체내의 산화작용을 억제하는 효과가 있어요. 세균과 바이러스에 대한 저항력을 향상시키는 데 도움을 주고 혈중 콜레스테롤을 낮춰요. 또 노화와 암을 예방하며 면역기능을 활성화시켜요. 특히 체지방이 생기는 것과 체내에 쌓이는 것을 막아줘요.

레시피를 맛있게 만드는 조리도구

도구를 사용하면 간단하게 재료의 맛을 살리고 영양소의 손실을 최소화할 수 있어요. 각 도구를 방법에 따라 알맞게 사용하여 더 오래, 더 쉽게, 더 맛있는 음식을 만들 수 있어요.

채소 탈수기

깨끗이 씻은 채소의 물기를 제거할 때 사용하는 것으로 신선함을 유지하기 위해서는 필수템이에요.

매셔

삶은 재료를 으깰 때 아래쪽에 재료를 넣고 잘 맞춰 비틀면 되고, 재료를 식기 전에 으깨면 부드럽게 나와요.

달걀말이 팬

달걀말이는 원형보다 사각 팬이 더 쉽고 예쁘게 잘 만들어져요. 코팅이 되어 있는 제품인지 확인하고 구입하는 게 좋아요.

매직랩

한쪽면에 접착성분이 있는데 이것은 츄잉껌 성분으로 미국FDA를 통과한 제품이에요.

차퍼(다지기)

통에 재료를 넣은 후 줄을 잡아당기면 칼이 회전되면서 쉽게 다져져 준비시간을 단축해줘요.

채칼 & 필러

채칼은 단단한 재료를 쉽게 채 썰 수 있고, 필러는 껍질을 벗기거나 얇게 썰 때 활용하면 편해요.

실리콘 찜틀

재료를 올려 전자레인지나 찜기 등에 사용할 수 있고, 음식이 들러 붙지 않아 편리해요.

건지개

채소나 육류 등을 삶거나 데친 후 뜨거운 재료를 건져낼 때 사용하면 유용해요.

와플 사각 팬
다양한 재료를 사용해 와플을 구워낼 수 있도록 도와주어요.

스쿱
재료를 뭉쳐 일정한 모양을 내고 싶을 때 사용하면 유용해요.

스파이럴라이저
채소나 과일을 칼날의 모양에 따라 면처럼 길고 가늘게 채 썰어 주는 도구예요.

오믈렛 팬
오므라이스나 오믈렛을 예쁘고 쉽게 만들 수 있도록 도와주어요.

PLUS TIP! 에어프라이어 사용 방법

1 종이 호일은 바스켓 위로 올라오지 않게 자르기

흔히 사용하는 롤 형태의 호일을 사용할 때는 모서리 부분이 열선에 닿아 탈 수도 있으니 잘라서 바스켓 위로 올라오지 않도록 해요.

2 요리에 따라 튀김 망 높낮이 조절하기

납작한 쿠키 같은 요리는 튀김망 아래 내열 용기를 넣어 높이를 올려주면 열선에 가까워져 조리시간도 줄이고 노릇한 색감도 낼 수 있어요.

3 오일을 묻힐 때는 비닐봉투에 넣고 흔들기

재료에 오일을 발라야 하는 경우에는 스프레이나 솔을 이용해도 좋지만 일회용 비닐봉투에 재료와 오일을 넣어 흔들어 주면 골고루 묻힐 수 있어요.

1

2

3

단백질을 채우는 재료

요리를 할 때 다양한 재료를 사용하면 맛이 더욱 좋아져요. 빼놓을 수 없는 단백질을 더해 맛있는 요리를 만들어 보세요.

닭 가슴살

신선한 냉장 닭 가슴살을 구워 먹는 것이 훨씬 맛있지만 매번 냉장 닭 가슴살을 구입하는 것이 쉽지 않다면 소량 포장되어있는 냉동 제품을 사용해요.

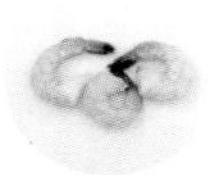

새우

고단백 저지방 식품으로 식어도 맛의 변화가 거의 없어요. 너무 작으면 씹는 맛이 덜하니 중간 이상의 크기로 껍질이 손질된 냉동 제품으로 골라요.

소고기

지방이 적고 풍미가 좋아 닭 가슴살 대신 많이 사용해요. 부위는 설도, 홍두깨살, 우둔을 사용하고 얇게 슬라이스 하여 진공 포장해두면 해동 후 부드럽고 맛있어 구워 먹기 좋아요.

닭 가슴살 스테이크, 소시지, 볼

닭 가슴살을 이용한 제품을 구비해 두고 필요할 때 사용해요. 단, 제품의 나트륨의 함량을 비교해보고 구입하는 것이 좋아요.

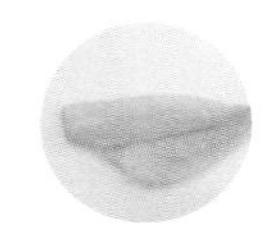

가자미 필렛

한 번 먹을 만큼의 양으로 소분 포장되어 간편하고 맛도 담백해서 추천해요. 손질된 대구살, 틸라피아 등 다양한 흰살 생선을 고르면 돼요.

돼지고기

돼지고기는 지방이 적은 부위인 안심이나 등심을 사용하는 것이 좋아요.

사용하기 편한 가공식품

마트에서 쉽게 구할 수 있는 재료로도 충분히 맛있는 다이어트 요리를 할 수 있어요.

두부

두부를 사용하면 다양한 모양과 맛의 요리를 만들 수 있어요. 특히 면 두부와 쌈 두부는 다양한 요리에 활용할 수 있어요.

통밀 제품

통밀을 사용하여 거친 식감을 가지고 있어요. 고소해서 어떤 소스와도 잘 어울려요.

터키브레스트 햄

칠면조는 닭고기보다 지방, 칼로리, 콜레스테롤이 낮은 고단백 식품으로 섬유질이 가늘어 소화도 잘 되고 엄청 부드럽게 찢겨요.

요거트

당 함량이 적은 저지방 요거트나 그릭 요거트를 구입하세요. 요거트 메이커를 활용해 요거트를 만들고 유청을 걸러 직접 만들어 먹는 것도 좋아요.

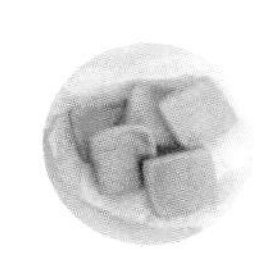

유부

조미된 유부는 뜨거운 물에 살짝 데치면 유분, 염분, 당류를 줄일 수 있어요. 조미되지 않은 냉동 유부를 사용하는 것도 좋아요.

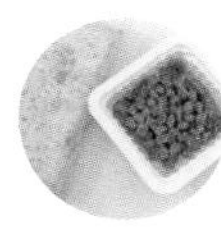

콩 발효 제품

청국장, 낫토, 템페는 세계 3대 콩 발효 식품이에요. 육류 대신 다양한 요리에 활용해 보세요.

치즈

슬라이스 치즈는 나트륨 함량이 적은 유아용 치즈가 좋아요. 슈레드 제품과 크림치즈 등 다양한 제품을 요리에 활용해 보세요.

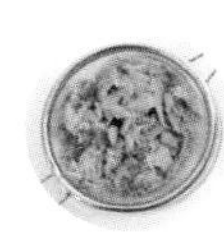

통조림 참치

고단백 식품인 참치는 다양하게 활용하기 좋아요. 지방함량이 적은 라이트 제품을 사용해요.

한 끗 차이를 만드는 조미료

각종 조미료를 사용해 건강하면서도 맛있는 요리를 만들 수 있도록 알아두면 좋아요.

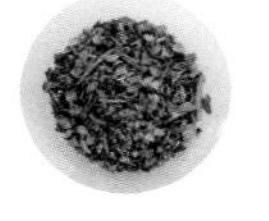

이탈리안 허브 시즈닝

각종 허브를 건조시켜 섞어 놓은 것이라 여러 가지 용도로 사용하기 좋아요. 육류의 누린내를 잡거나 샐러드 드레싱에 이용하면 감칠맛이 좋아져요.

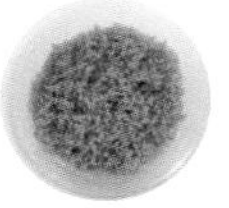

비정제 설탕

비정제 설탕은 원료인 사탕수수를 최소한의 공정만 거쳐 만들어 내는 것으로 미네랄과 비타민이 풍부하게 남아있어 설탕 대체제로 사용하기 좋아요.

히말라야 핑크소금

건강에도 좋고 짭짤한 맛이 미각을 일깨워주어 풍성한 단맛을 느낄 수 있어요.

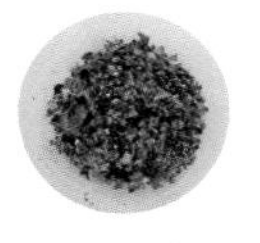

그라인더 페퍼

고유의 맛과 향으로 미각과 후각을 사로잡는 후추는 꼭 필요한 것 중 하나인 향신료예요. 특히 바로 갈아먹는 제품은 신선하게 사용할 수 있어요.

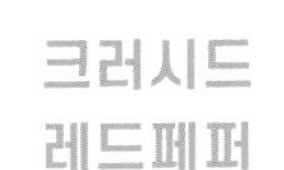

크러시드 레드페퍼

서양 고추를 굵게 빻아 만든 향신료예요. 매콤한 맛이 생각날 때 활용하면 되고, 뒷맛이 개운하고 깔끔하여 삶은 달걀이나 닭 가슴살 등에 약간만 뿌려도 좋아요.

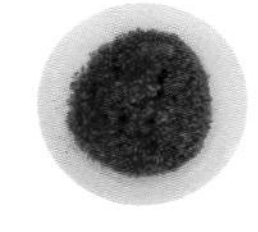

훈제 파프리카 파우더

고춧가루에 비해 덜 맵고 입자가 부드러워 온화한 맛을 내요. 특히 훈연 향과 불맛이 어떤 음식에 활용하더라도 화려하게 만들어준답니다.

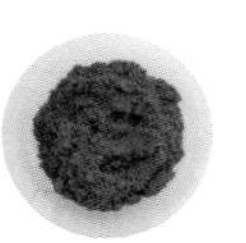

시나몬 파우더

달콤 쌉싸름한 독특한 풍미가 좋아요. 요리에 넣으면 단순한 것도 새롭게 느껴지는 마법 같은 가루예요. 바나나, 사과, 고구마, 단호박이랑 특히 잘 어울려요.

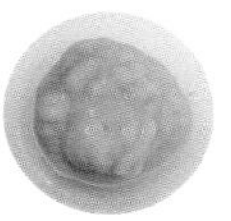
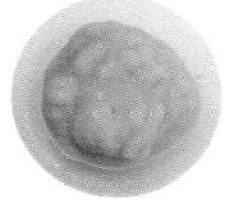

머스타드

순수 겨자씨에 식초와 각종 향신료를 섞어 크리미한 식감과 부드러운 맛과 향을 살린 머스타드는 육류나 샐러드 드레싱으로 활용하기 좋아요.

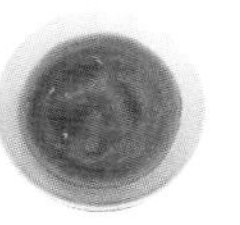

케첩

케첩 역시 없으면 아쉬운 식재료 중 하나로 당 함량을 낮춰 칼로리가 상대적으로 낮은 것으로 선택하여 사용해요.

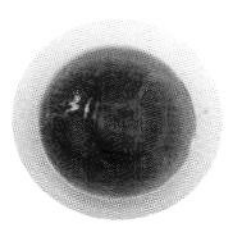

스리라차 소스

매운맛이 유난히 당기는 날 떠오르는 소스가 하나 있어요. 자극적이지 않고 적당히 매운맛과 새콤, 시큼함에 알맞게 조화를 이뤄 기분 좋은 자극을 주어요. 단맛이 없어 칼로리도 착하니 활용해 보세요.

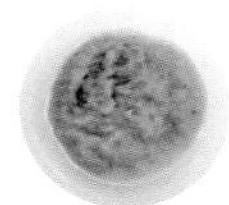
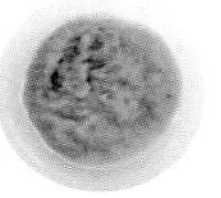

와사비

날것의 신선하고 탱글탱글한 살에서 단맛을 찾을 수 있도록 도와주고 밋밋한 음식 맛의 포인트를 주는 재료로 연어, 아보카도와 특히 잘 어울려요. 와사비 함량이 높은 생 와사비로 구입하는게 좋아요.

식물성 마요네즈

자주 사용하지는 않지만 없으면 또 아쉬운 재료가 마요네즈 같아요. 콩으로 만들어 좀 더 가벼운 제품을 선택하면 부담 없이 즐길 수 있어요.

액체

참치액

한 스푼의 감칠맛이 필요할 때 사용하거나, 조림은 물론 볶음이나 무침요리에 다소 부담 없이 사용할 수 있어요.

올리브유

신선한 올리브로 짜낸 올리브유는 특유의 맛과 향이 음식의 풍미를 더해줘 자칫 단조로울 수 있는 요리에 많이 사용해요.

수저로 계량하기

요리를 할 때 계량이 신경 쓰이죠. 입맛에 맞춰 만드는 것이 가장 좋아요. 누구나 쉽게 만들 수 있도록 집에 있는 숟가락을 사용해 계량을 할 수 있어요.

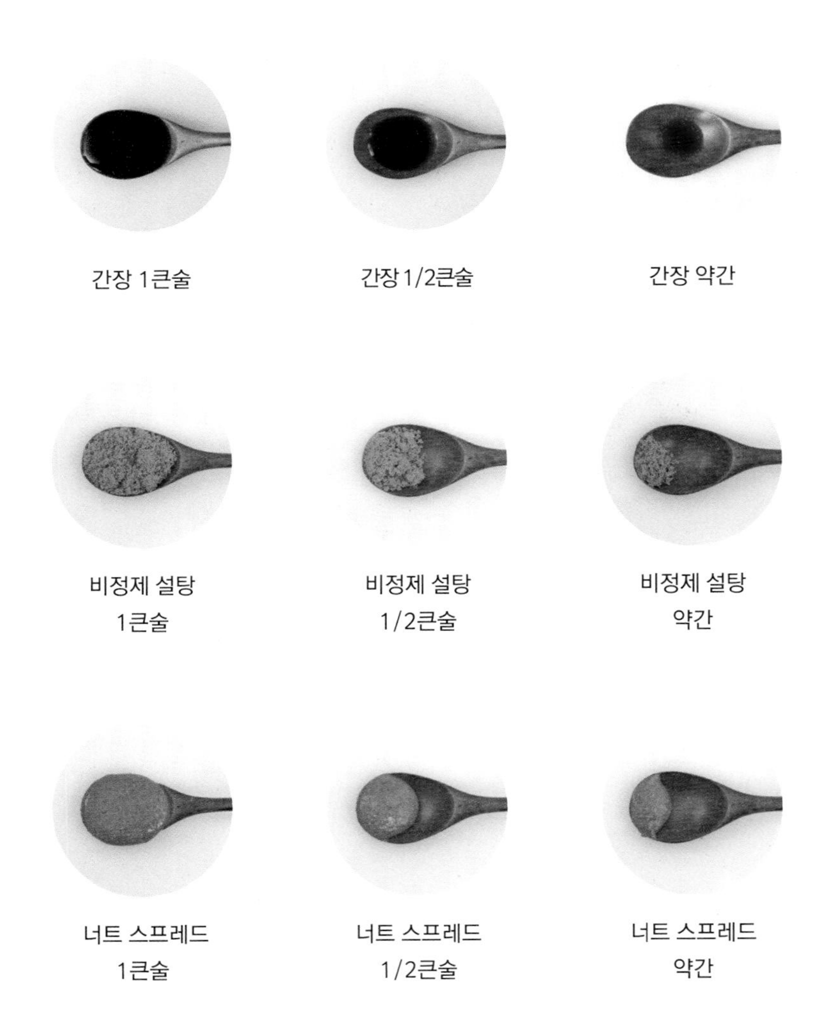

종이컵과 손으로 계량하기

종이컵과 손으로 계량을 할 수 있어요. 요리를 할 때 참고하면 좋아요.

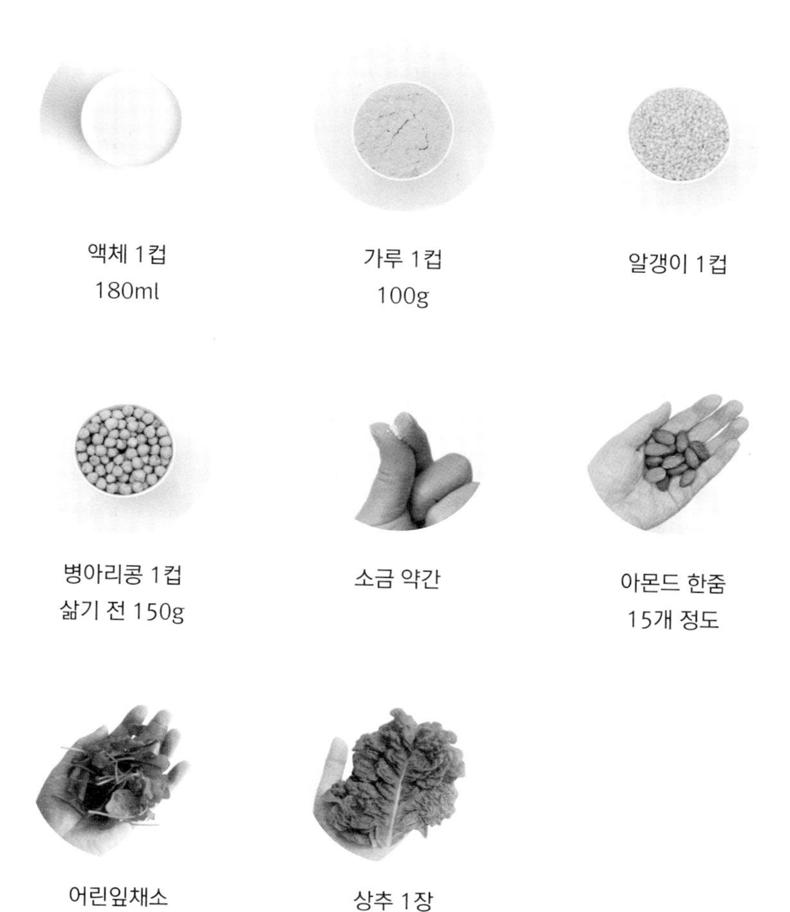

액체 1컵
180ml

가루 1컵
100g

알갱이 1컵

병아리콩 1컵
삶기 전 150g

소금 약간

아몬드 한줌
15개 정도

어린잎채소
한줌, 15g

상추 1장
손바닥 크기, 5g

요리 시간을 줄이는 재료 보관법

자투리 채소와 밥과 면, 콩처럼 자주 사용하는 재료는 한 번에 손질해두고 그때그때 꺼내 쓸 수 있도록 보관하는 방법을 담았어요. 익히는데 시간이 걸리는 재료들은 미리 조리해서 소분한 다음 보관하면 조리시간을 줄일 수 있어요.

자투리 채소, 과일

무르기 쉬운 잎채소, 사용하고 남은 자투리 채소나 과일 등은 따로 지퍼 백에 보관(냉동 1개월) 하였다가 주스나 스무디로 활용하면 좋아요.

TIP

- 파슬리는 깨끗이 씻어 충분히 물기를 제거한 후 냉동 보관하였다가 사용할 때 냉동 상태 그대로 바스러뜨려서 사용해요.
- 맛없는 토마토나 먹지 않아 시들어가는 토마토가 있다면 올리브유를 이용해 토마토 절임을 만들어 보세요.

병아리콩

단백질 함량이 높고 맛도 좋아요. 불리는 시간이 길어 미리 삶아서 식힌 후 보관(냉동 3개월)하면 사용하기 편해요. 냉동 상태에서 꺼냈을 때는 뜨거운 물에 한번 헹궈 사용해요.

TIP

- 귀리, 퀴노아 등도 미리 삶아 보관하면 샐러드나 요리에 바로 사용 할 수 있어요.

고구마, 단호박

너무 무르지 않게 익혀서 한 김 식힌 후 한 번에 먹을 분량씩 밀폐용기나 지퍼 백에 담아 보관(냉동 3개월) 후 먹을 때 전자레인지에 데워 사용해요.

TIP

- 단호박은 단단하기 때문에 크기에 따라 3~5분(100g당 1분 정도) 겉면이 살짝 익는 정도로 전자레인지에 가열 후 자르는 것이 편해요.
- 익히지 않은 단호박을 보관할 때에는 씨를 제거하고 랩으로 단단히 포장해서 지퍼 백에 넣어두면 오래 보관할 수 있어요.

현미밥

현미밥은 때 마다 하는 것이 번거롭기 때문에 한 번에 필요한 양만큼 밥을 지어 용기에 담아 보관(냉동 1개월)해요.

통밀 파스타

한 번에 삶아두면 사용할 때 편하기 때문에 파스타는 삶아 찬물에 헹구지 않고 식힌 다음 필요한 분량씩 지퍼 백에 담아 보관(냉동 3개월)해요.

TIP

- 현미밥은 지어 뜨거운 상태로 내열용기에 담아서 밀폐한 다음 식은 후에 냉동 보관해야 수분이 그대로 보존되어 해동하면 갓 지은 밥처럼 맛있게 먹을 수 있어요.

TIP

- 삶아서 잘랐을 때 하얀 심이 살짝 보일 만큼의 80% 정도만 익혀 식힌 다음 지퍼 백에 담아 보관해요.
- 펜네와 푸실리 1개는 약 1.5g 정도로 1회 분량 정할 때 참고하면 좋아요.

미리 준비하는 밀프렙

미리 만들어두면 걱정 끝! 바로 만들 수 있도록 손질은 미리 해두고 금방 시드는 채소를 알차게 먹을 수 있는 방법을 담았어요.

바로 먹을 수 있는 간편 샐러드

밀프렙

다양한 재료를 선택하여 일정 기간 보관해 두고 먹을 수 있는 밀프렙 샐러드예요. 장을 보고 손질하는 과정이 다소 귀찮지만 일정기간(일주일 이내) 최대한 신선한 샐러드를 먹을 수 있도록 미리 만들어놓으면 간편하게 먹을 수 있어요. 준비한 샐러드프렙은 샌드위치, 비빔밥, 비빔면 등에 응용할 수 있어 채소 섭취가 부족한 분들이라면 꼭 해보시길 추천해요.

샐러드에 많이 사용하는 재료

샐러드에 많이 사용하는 재료를 보고 입맛에 맞는 샐러드를 만들어요.

양상추

샐러드에 가장 많이 쓰며, 아삭하고 청량감 있는 맛 때문에 다른 재료와 잘 어울려요. 들었을 때 묵직한 것이 좋아요.

양배추·적채

아삭하고 단맛이 나며 포만감이 크고 장운동을 활성화해 주어요. 겉면이 동글동글하고 묵직한 것이 좋아요.

로메인

일반 상추보다 쓴맛이 덜하고 특유의 고소한 맛과 아삭함이 있어요. 잎에 윤기가 흐르고 색이 선명한 것을 골라요

어린잎채소

비타민과 미네랄이 풍부하고 부드러워 자주 사용하며 주로 팩에 담아 판매하므로 시든 잎이 있는지 꼼꼼하게 살펴요

적근대

몸속에 지방이 쌓이는 것을 막아주고 피부미용에도 좋아요. 잎이 넓고 줄기가 너무 길지 않은 것이 맛있어요.

샐러리

식이섬유소가 많이 들어 있고 청량감 있는 맛이 특징이며 연한색의 대가 굵고 고르면서 긴 것이 좋아요

브로콜리·콜리플라워

비타민 C가 풍부한 항암 식품이며, 봉오리가 단단하게 다물어져 있고 가운데가 볼록한 것을 골라요.

토마토

세계 3대 채소로 모양이 둥글고 꼭지가 싱싱하며 대체로 단단하고 무거운 것이 좋아요.

세척하는 방법

과일과 채소는 깨끗하게 세척하는 것이 중요해요. 영양소의 손실은 최소화하고 농약 등 나쁜 성분은 없애요.

잎이 여린 잎채소

잎이 작고, 얇은 잎채소는 흐르는 물(수압)에 의해 쉽게 멍이 드니 물에 담가 조심스럽게 살살 다뤄야 해요.

양배추

농약을 많이 친다고 하니 지저분한 겉잎은 떼어내고 심지를 자른 후 잎을 한 장씩 떼어 세척해요. 채 썰어 사용할 경우엔 채칼을 이용해 먼저 채 썰고 난 후에 씻는 것이 좋아요.

무르기 쉬운 과일

식초를 섞은 물에 2분 정도 담근 후 수용성 비타민 손실을 최소화하기 위해 흐르는 물에 빠르게 헹궈요.

과육이 단단한 과일

껍질째 먹는 과일은 베이킹 소다를 뿌려 문지르고 흐르는 물에 헹궈 식초를 섞은 물에 한 번 더 담가 두었다가 꼼꼼히 씻어요.

TIP!

- 채소를 세척할 때 식초나 베이킹 소다, 잔류 농약까지 제거하는 친환경세제인 칼슘파우더를 사용하면 좋아요.
- 샐러드프렙을 위한 채소 세척은 섞어서 하는 것보단 종류별로 나눠 해야 잎이 멍 들거나 상하지 않고 신선하게 유지 할 수 있어요.
- 세척한 채소는 전용탈수기를 사용하여 물기를 제거해요. (단, 충격에 약한 과일은 사용하지 않아요.)
- 남아 있는 물기를 제거하기 위해 종이 타월에 올려 잠시 두어요.
- 사용한 종이 타월은 물기를 제거하기 위해 사용했기 때문에 그냥 버리지 말고 모아 두었다가 주방 뒷정리용으로 사용하면 좋아요.

숨이 죽은 채소 살리는 방법

채소를 한꺼번에 사두면 숨이 죽은 채소가 생겨요. 언제나 채소를 맛있게 먹을 수 있도록 숨이 죽은 채소를 살리는 다양한 방법을 소개할게요.

50℃ 물

따뜻한 물에 2분 정도 담가두면 순간적인 열 충격으로 채소의 숨구멍이 열리면서 싱싱해지는데 효과가 좋아요. 팔팔 끓인 물과 차가운 물을 1:1로 섞어서 사용해요.

얼음물

채소가 잠길 만큼 넉넉하게 물을 넣고 적당량의 얼음과 채소를 5분 정도 담가요. 먹기 직전에 먹기 좋은 크기로 뜯고, 단단한 채소는 썰어 넣으면 잘린 단면이 수분을 듬뿍 흡수해 아삭아삭하게 즐길 수 있어요.

설탕+식초

시든 채소를 설탕과 식초를 약간 섞은 물에 담갔다 건지면 삼투압 현상으로 채소가 수분을 머금어 신선함이 되살아나요. 큰 볼에 물을 받고 설탕 1큰술, 식초 약간만 넣어요.

PLUS TIP!

· 까다로운 양상추 손질하기

양상추를 손질할 때 칼을 사용하면 철 성분에 의한 갈변 현상이 나타날 수 있어요. 또 수압이 너무 세거나 누르듯이 만지면 쉽게 멍 들기 때문에 주의해요.

1 심지 부분을 주먹으로 내리쳐 분리하거나 심지 주위에 손가락을 넣어 돌려가며 심지를 빼내요.

2 조심스럽게 손으로 한 장씩 잎을 떼어낸 후 식초 물에 담가 원형 그대로 유지한 채로 세척해요. 마지막에 50도 물로 헹구는 것을 추천해요.

3 잎끼리 부딪히지 않도록 한 장씩 헹군 후 포개어 채소 탈수기에 1차로 수분을 제거해요.

4 최대한 잎의 모양을 유지한 채 종이 타월 위에 올려서 잔여 물기가 빠질 수 있게 해요.

밀프렙 용으로 준비하는 경우엔 너무 작게 뜯지 말고 큼직하게 뜯어 잎 부분을 사용하는 것이 좋으며, 줄기는 따로 분리해 먼저 먹거나 주스 등에 활용하도록 해요.

밀프렙 샐러드 담는 방법

밀프렙 샐러드는 미리 준비해서 담아두고 먹기 직전에 드레싱을 뿌리면 편리해요. 지퍼 백에는 양상추, 양배추, 녹색잎 채소, 어린잎채소 순으로 잎이 얇은 채소가 위로 올라오게 무거운 채소 순으로 담아요.

푸른 잎채소의 신선함에 반하다! 지퍼 백 샐러드

수분기는 최대한 제거하는 게 좋아요.

잎이 얇은 채소들은 섞으면 상처가 나기 쉬우므로 종류별로 구분하여 무거운 순으로 담아요.

공기 차단을 위해 살짝 눌러 공기를 뺀 후 지퍼 백을 닫아요.

TIP!

스탠딩 지퍼 백

- 18X20mm
  입구가 넓어 그대로 먹기 좋아요.
- 18X22mm
  입구가 좁아 보관은 용이하나 별도 용기에 덜어 먹어야 해요.

내 마음대로 썰어 영양을 한 번에 담는다! 용기샐러드

수분기는 최대한 제거하는 게 좋아요.

익혀서 넣어야할 재료는 충분히 식혀요. 완전히 무르게 익히면 으스러지거나 수분이 많아 금방 상해 보관이 어려우니 최대한 무르지 않게 익히는 게 중요해요.

용기는 투명한 것으로 고르고 입구가 넓은 것 보다는 공기 접촉이 적은 좁고 깊은 용기가 갈변이 덜해요.

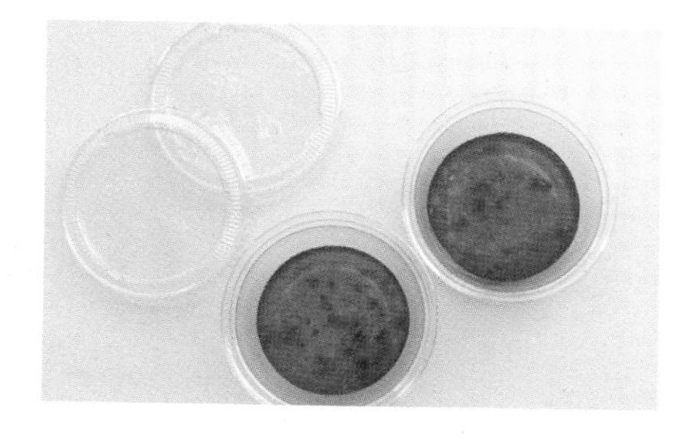

드레싱과 토핑(견과류 등)은 따로 담아요.

바쁜 시간 간단 한 끼

스무디

샐러드를 만들고 남은 자투리 채소나 시들어 가는 과일 등을 사용해서 스무디를 만들면 좋아요. 준비한 스무디프렙은 지퍼 백에 담아 냉동 보관하여 먹을 때 식물성 음료 등과 함께 갈아 마시면 영양 밸런스까지 좋은 간단한 한 끼가 가능해요. 컬러별로 채소와 과일을 별도 준비하면 색이 예쁜 스무디를 만들 수 있어요.

스무디

남은 채소를 스무디로 만들어요. 준비하고 보관하는 법을 알아보아요.

준비하기

- 자투리 채소(케일 등 잎채소), 사과, 바나나, 콜라비, 너트 가루
- 단단한 과일이나 채소는 작게 썰어서 준비한다.
- 병아리콩, 견과류, 가루분(율무, 팥, 콩가루 등)을 넣으면 좋다.

보관하기

- 블렌더에 넣을 때 단단한 재료가 먼저 들어가야 잘 갈리기 때문에 가벼운 채소부터 담아요.
- 단단한 과일이나 채소는 작게 썰어서 준비해요.
- 지퍼 백은 담은 후에 한번 꾹 눌러 공기를 뺀 후 밀봉하여 냉동 보관(1개월 가능)해요.

TIP!

스무디 조합 추천

- 레드 스무디
  비트 + 베리류 + 토마토 + 빨강파프리카 + 양배추
- 옐로우 스무디
  당근 + 오렌지 + 파인애플 + 노랑파프리카 + 콜라비
- 그린 스무디
  케일 + 사과 + 브로콜리 + 키위 + 샐러리

Chapter 1

햇살 가득 엣지있게 아침

바쁜 아침에는 간단하고 쉽게 만들 수 있는 레시피를 준비했어요.
아침 식단이기 때문에 너무 부담스럽지 않게 준비했어요.

둥지 달걀프라이

채소마다 고유한 맛을
함께 맛볼 수 있는 달걀프라이

요리시간

15분

- 파프리카
- 당근
- 시금치
- 자색고구마

재료

달걀 4개
자색고구마 60g
당근 60g
빨강 파프리카 50g
시금치 50g
올리브유 2큰술
소금 약간
후추 약간

만드는 법

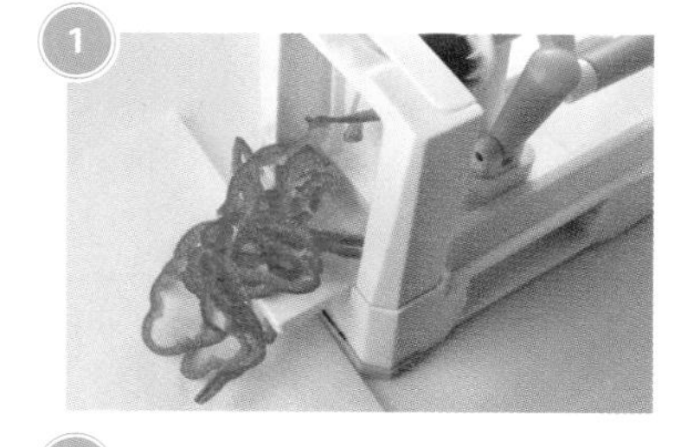

1 파프리카, 당근, 자색고구마는 스파이럴라이저나 채칼을 사용해 길게 채 썬다.

2 시금치는 뿌리만 살짝 다듬어 손질한다.

3 달걀은 작은 그릇에 깨뜨려 담아둔다.

4 팬에 올리브유를 두른 후 재료를 넣어 빠르게 볶다가 소금, 후추로 맛을 낸다.

5 숨이 살짝 죽으면 달걀이 들어갈 가운데 부분을 비우고 가장자리로 옮겨 둥지 모양을 만든다.

6 달걀을 둥지 안에 조심스레 넣고 약불에서 반숙으로 익힌다. (취향에 맞게 익히면 된다.)

TIP

한번에 1~2가지 정도 만들어 구운 빵 위에 올려 먹거나 다른 요리에 곁들여 먹으면 좋다.

컬러
큐브 샐러드

알록달록 한 입에 먹기 좋은 큐브 샐러드
아삭하고 담백하게 즐기는

요리시간
20분

● 비트
● 단호박
● 키위
○ 콜라비

재료

큐브 참치 100g
단호박 80g
콜라비 50g
비트 50g
키위 1개

만드는 법

1 단호박은 삶아 식힌 뒤 1cm 정도 크기의 주사위 모양으로 썬다.
2 큐브 참치는 체에 밭쳐 흐르는 물에 한 번 씻어 물기를 뺀다.
3 키위, 콜라비, 비트도 비슷한 크기로 썬다.
4 준비한 재료를 보기 좋게 쌓는다.

TIP

참치 대신 두부를 사용하거나 다양한 채소와 과일을 이용해 만들 수 있고 새콤달콤한 오리엔탈 드레싱과 잘 어울린다.

사과 아보카도 템페레제

템페를 카프레제처럼 즐겨요
콩을 발효시켜 만들어 삶은 콩맛이 나는

요리시간
15분

- ● 사과
- ● 아보카도
- ○ 템페

재료

템페 100g
사과 1/2개
아보카도 1/2개
발사믹 크림 약간
바질 약간

만드는 법

1 템페를 0.3cm 정도 두께로 썰어 팬에 노릇하게 구운 뒤 식힌다.
2 사과는 씨앗 부분을 도려내고 얇게 썬다.
3 아보카도는 반으로 가르고 씨앗과 껍질을 제거하여 얇게 썬다.
4 템페, 사과, 아보카도를 먹기 좋게 담는다.
5 발사믹 크림소스와 바질을 곁들인다.

TIP

템페는 인도네시아의 콩을 발효시킨 음식이다. 오래 구우면 쓴맛이 올라올 수 있으니, 소금물에 10분 정도 담갔다가 구우면 더욱 맛있게 먹을 수 있다.

낫토 허니 토마토

상큼한 토마토가 만나 담백한 요리
특유의 향이 있는 낫토와

요리시간
15분

- 토마토
- 아보카도
- 적양파
- 낫토

재료

낫토 1팩
토마토 120g
아보카도 1/4개
적양파 15g
낫토 간장 1/2큰술
올리브유 1/2큰술
레몬즙 약간
후추 약간

만드는 법

1. 토마토의 꼭지 부분은 자르고 속을 파낸 다음 과육은 블렌더로 갈아둔다.
2. 아보카도, 적양파는 작은 주사위 모양으로 썬다.
3. 낫토를 젓가락으로 저어주고, 낫토에 아보카도, 적양파, 낫토 간장, 올리브유, 레몬즙, 후추를 넣어 섞는다.
4. 속을 파낸 토마토에 버무린 낫토를 채워 넣는다.
5. 그릇에 갈아놓은 토마토 과육을 담고 그 위에 낫토 샐러드를 담은 토마토를 올린다.

TIP

토마토와 설탕을 함께 먹으면 영양소가 파괴되는 것은 아니지만 토마토에 들어있는 비타민 B가 우리 몸에 흡수되는 대신 설탕을 분해하는 데에 쓰이니 피하는 게 좋다.

- 사과
- 밤호박
- 아보카도

내 안에 쏘옥 에그와 무지개스틱

요리시간
15분

완전식품이라 불리는 달걀을
달달한 밤호박과 부드러운 아보카도 안에 쏘옥

재료

달걀 1개
빨강 미니 파프리카 40g
주황 미니 파프리카 40g
노랑 미니 파프리카 40g
미니 밤호박 30g
아보카도 20g
사과 1/2개
올리브유 1큰술
케일 가루 1작은술
소금 약간

만드는 법

1 밤호박은 0.5cm 정도 두께로 동그랗게 썰어 씨앗을 제거한 뒤 전자레인지에 넣고 1분간 익힌다.

2 아보카도는 가로방향으로 갈라 씨앗을 제거한 다음 동그란 모양으로 자른다.

3 달걀은 흰자와 노른자를 분리하여 작은 그릇에 담는다.

4 올리브유를 두른 팬에 흰자를 먼저 넣고 중앙 부분에 밤호박, 아보카도 순으로 올린다.

5 아보카도 중앙 부분에 노른자를 넣고 약불에서 1분 정도 익혀 취향에 맞게 소금을 뿌린다.

무지개스틱

6 사과는 굵게 채 썰고 미니 파프리카는 링 모양으로 썬다.

7 사과에 파프리카 링을 꽂고 끝에는 케일 가루를 묻힌다. (색을 맞추고 식이섬유를 보충하기 위해 케일 가루를 사용하지만 생략해도 좋다.)

TIP

달걀은 뾰족한 부분을 밑으로 해서 냉장 보관하는 것이 좋으며, 달걀 껍데기의 색 차이는 닭의 품종에 의한 것으로 영양가는 차이가 없다.

● 밤호박

○ 캐슈너트

구름달걀을 올린 밤호박 스프

요리시간 20분

달달한 스프와 구름달걀이 만나 부드러움을 더했어요

재료

미니 밤호박 150g
캐슈너트 밀크 60ml
달걀 1개
슈레드 치즈 10g
올리브유 1/2큰술

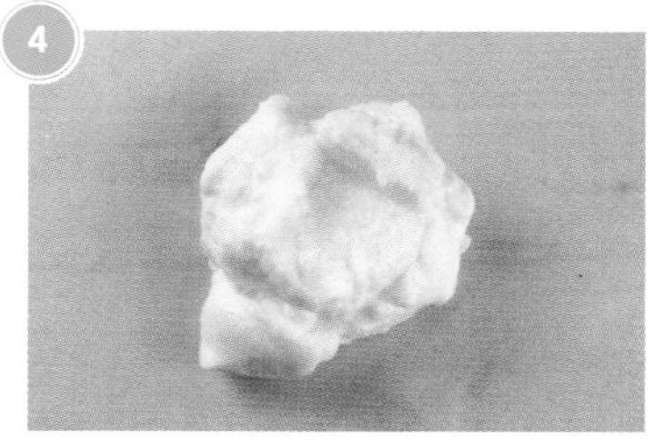

만드는 법

1 밤호박은 삶아 껍질과 씨앗을 제거하고 캐슈너트 밀크와 함께 블렌더에 갈아 따뜻하게 데운다.

2 달걀은 흰자와 노른자를 분리하여 작은 그릇에 담는다.

3 달걀흰자는 한쪽 방향으로만 저어 거품을 만든다.

4 올리브유를 두른 팬에 풍성해진 흰자 거품을 넣고 숟가락 뒷면으로 가운데 부분을 살짝 눌러 노른자가 들어갈 자리를 만든다.

5 뚜껑을 덮어 약불에서 1~2분 정도 익힌 후 노른자를 올린다.

6 그릇에 스프를 담고 구름달걀을 올린 다음 취향에 맞게 슈레드 치즈를 곁들인다.

TIP

흰자의 단백질은 점성이 강해서 공기가 잘 안 들어가 거품내기가 어렵다. 냉동실에서 30분 정도 얼리면 점성이 약해지면서 거품이 쉽게 올라오니 전동 거품기가 없을 때 응용하면 좋다.

- 고구마
- 아스파라거스
- 양파

부드럽고 달콤한 채소 푸딩

요리시간 25분

설탕을 사용하지 않고
고구마와 양파를 넣어 만든 부드럽고 달콤한 푸딩

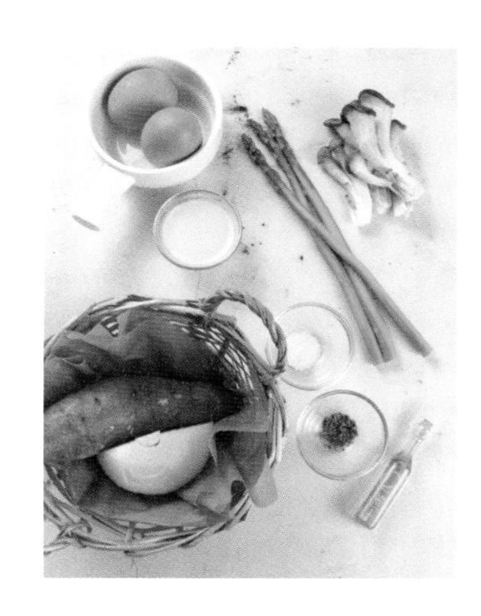

재료

고구마 60g
양파 40g
느타리버섯 30g
우유 30ml
달걀 2개
아스파라거스 2줄기
올리브유 1/2큰술
소금 약간
후추 약간

만드는 법

1 고구마는 삶아 곱게 으깬 뒤 한 김 식힌다.
2 양파는 다진 후 올리브유를 두른 팬에 넣어 충분히 볶은 다음 식힌다.
3 달걀은 풀어 우유를 넣고 섞은 후 체에 거른다.
4 체에 거른 달걀물에 식힌 고구마와 양파를 넣어 골고루 섞은 다음 소금, 후추로 맛을 낸다. 부드럽게 만들고 싶다면 블렌더를 이용해 곱게 갈아주면 좋다.
5 실리콘 틀에 섞은 재료를 담아 전자레인지에 넣고 3분 정도 가열한다.
6 올리브유를 두른 팬에 아스파라거스와 느타리버섯을 넣고 노릇하게 구워 소금, 후추로 맛을 내 곁들인다.

TIP

양파는 익힐수록 일부 성분이 프로필메르캅탄(설탕의 약 50배)으로 변해 당 성분이 아님에도 불구하고 단맛이 나는 특성이 있다. 팬에 볶는 것이 번거롭다면 다진 양파에 올리브유를 넣고 랩을 씌워 가열(양파100g당 5분 정도)해도 좋다.

● 방울토마토

● 아보카도

○ 감자

닭 가슴살 프리타타

요리시간
30분

닭 가슴살과 감자를 넣어 담백함에 든든함까지 채운 달걀 요리

재료

닭 가슴살 100g
감자 80g
방울토마토 4개
우유 30ml
달걀 1개
아보카도 1/4개
올리브유 1큰술
소금 약간
후추 약간

만드는 법

1 감자는 채 썰어 물에 담가 전분기를 제거한 후 체에 밭쳐 물기를 뺀다.
2 닭 가슴살은 먼저 익혀 잘게 찢는다.
3 토마토, 아보카도는 적당한 크기로 썰어 준비한다.
4 달걀과 우유는 골고루 섞어 달걀물을 만든다.
5 올리브유 두른 팬에 채 썬 감자를 넣고 소금, 후추로 간하여 볶는다.
6 어느 정도 익으면 팬에 넓게 펼쳐주고 그 위에 준비한 재료를 얹는다.
7 달걀물을 붓고 뚜껑을 덮어 약불에서 10분 정도 익힌다.

TIP

덜 익은 아보카도를 빠르게 익히고 싶다면 종이봉투에 바나나 또는 사과와 함께 넣어 입구를 막아 보관한다. 바나나와 사과에서 배출되는 에틸렌가스가 아보카도를 숙성시키는 촉진제 역할을 한다.

- 파프리카
- 당근
- 시금치
- 느타리버섯

회오리 감자 오믈렛

요리시간 20분

회오리 달걀 안에 무엇이 들어 있을까요?

담백하고 구수하게 씹히는 맛에 재미까지 더했어요

재료

- 감자 100g
- 빨강 파프리카 40g
- 느타리버섯 30g
- 시금치 20g
- 당근 10g
- 달걀 2개
- 캐슈너트 밀크 1큰술
- 올리브유 1큰술
- 소금 약간
- 후추 약간

만드는 법

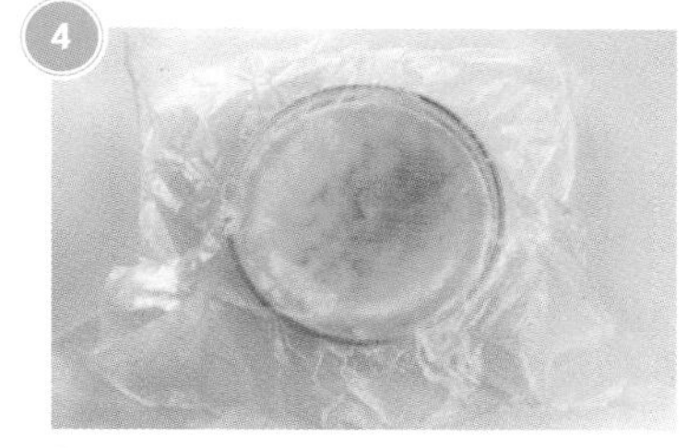

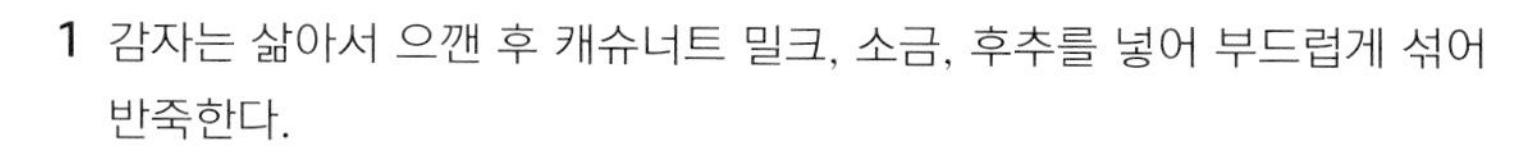

1 감자는 삶아서 으깬 후 캐슈너트 밀크, 소금, 후추를 넣어 부드럽게 섞어 반죽한다.

2 당근, 파프리카는 채 썰고 시금치는 비슷한 길이로 썰어 준비한다.

3 올리브유를 두른 팬에 준비한 채소를 볶다가 소금, 후추를 넣는다.

4 둥근 그릇에 랩을 깔고 으깬 감자를 넣어 그릇 전체에 펼쳐 돔 모양을 만든다.

5 모양을 잡은 감자 안에 볶은 채소를 넣는다.

6 감자 돔 위에 접시를 올려 뒤집은 뒤 그릇과 랩을 제거한다.

7 알끈을 제거(61쪽 TIP 참고)하여 푼 달걀은 젓가락을 이용해 회오리 모양으로 익힌다.

8 감자 돔 위에 회오리 달걀을 올린다.

TIP

회오리 달걀을 만들 때 달걀물을 한 번에 부으면 두꺼워져 쉽게 찢어지고 젓가락에 붙는 등 실패할 가능성이 높다. 팬에 얇게 덮어질 정도만 달걀물을 부어준 후 테두리가 익으면 젓가락으로 양끝을 잡아 젓가락을 오므리면서 돌려준다. 모양을 잡고 남은 달걀물을 부어 빈 공간을 채우는 것이 좋다.

바나나
삼색 달걀말이

달걀말이의 색다른 변신
달콤한 바나나를 넣은

요리시간
15분

- 바나나
- 시금치

재료

시금치 15g

달걀 3개

바나나 1개

타이거너트 파우더 1/2큰술

올리브유 1/2큰술

소금 약간

만드는 법

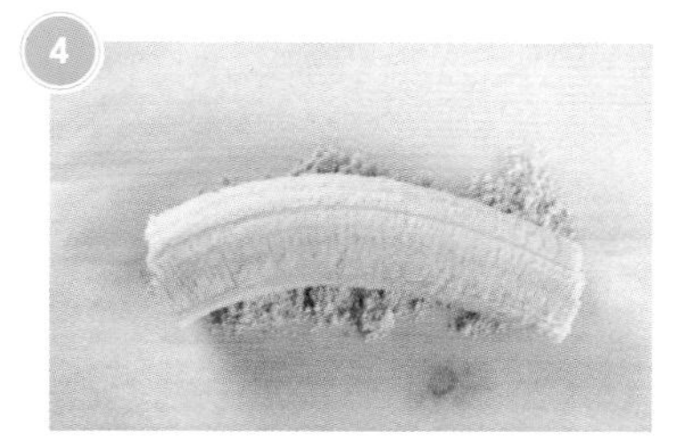

1 달걀 2개는 흰자와 노른자를 분리하여 그릇에 담는다.

2 블렌더에 남은 달걀 1개와 시금치를 넣고 곱게 간다. (시금치 대신 당근, 브로콜리, 버섯들을 사용해도 되고 재료가 없으면 생략해도 된다.)

3 흰자를 섞을 때에는 너무 휘저으면 거품이 생겨 부칠 때 모양이 예쁘지 않으니 가볍게 섞는다. 노른자에는 흰자를 조금 섞어 부드럽게 만든다.

4 바나나는 껍질을 제거하여 타이거너트 파우더를 묻힌다.

5 종이 타월을 이용해 올리브유는 팬에 과하지 않게 묻힌 후 달걀물을 붓고 바나나를 올린다.

6 색을 분리해 둔 달걀물을 순서대로 넣어 돌돌 말아가며 약불에서 익힌다.

7 한 김 식힌 후 먹기 좋은 크기로 자른다.

TIP

달걀의 알끈은 노른자의 위치를 고정시켜주는 역할을 하는데 부드러운 요리를 위해서는 제거하는 게 좋다. 나무젓가락을 쪼개지 않고 앞부분만 살짝 벌려서 알끈을 잡고 위로 당기면 쉽게 제거할 수 있다.

- 당근
- 오이
- 양파

차지키 소스를 곁들인 오트밀 당근 롤

요리시간 30분

요거트 소스의 상큼함이 돋보이는 당근 롤

재료

오트밀 30g
오이 20g
당근 15g
양파 10g
달걀 2개
그릭 요거트 2큰술
올리브유 1큰술
다진 마늘 약간
레몬즙 약간
딜 약간
소금 약간
후추 약간

만드는 법

1 당근과 양파는 채칼이나 칼을 이용해 가늘게 채 썬다.

2 씨 부분을 제거한 오이는 가늘게 채 썰어 소금에 절여 꼭 짠다.

3 절인 오이와 그릭 요거트, 다진 마늘, 딜, 소금, 후추, 레몬즙, 올리브유를 넣어 차지키 소스를 만든다. 다진 마늘은 취향에 맞게 가루를 사용하거나 생략해도 좋다.

4 달걀 푼 것에 오트밀, 당근, 양파를 넣어 섞은 다음 얇게 부친다.

5 오트밀 당근 롤은 종이호일에 돌돌 말아 한 김 식힌다. 뜨거울 때 모양을 잡아둔다.

6 식은 당근 오트밀 전 위에 차지키 소스를 바르고 돌돌 말아 먹기 좋은 크기로 자른다.

TIP

사용하고 남은 오이를 보관해야 할 경우 마르지 않게 랩으로 감싼 후 자른 면이 위로 향하게 하여 컵이나 우유팩 등에 담아두면 4~5일 더 보관할 수 있다.

● 오이

● 가지

트러플 관자 샐러드를 곁들인 가지뱅뱅이

요리시간
25분

코끝을 간질이는 트러플의 향기로
강렬한 여운이 남는 담백한 샐러드

재료

관자 100g
가지 1개
달걀 1개
오이 1/2개
적양파 1/4개
식물성 마요네즈 1큰술
타이거너트 파우더 1큰술
올리브유 1/2큰술
트러플 오일 약간
소금 약간
후추 약간

만드는 법

6

7

1 가지는 어슷하게 썰고, 적양파는 채 썬다.

2 오이는 반으로 갈라 얇게 어슷 썰어 소금에 살짝 절인 후 꼭 짠다.

3 관자는 삶아 오이와 비슷한 크기로 썬다. 관자 대신 닭 가슴살을 사용해도 좋다.

4 마요네즈에 트러플 오일을 몇 방울 넣어 드레싱을 만든다.

5 관자, 절인 오이, 채 썬 적양파에 드레싱을 넣고 버무린다.

6 팬에 올리브유를 두르고 종이 타월로 닦아낸 후 가지를 올려 동그랗게 돌려가며 모양을 잡는다.

7 달걀 푼 것에 타이거너트 파우더를 섞은 달걀물을 가지 모양이 흐트러지지 않게 가장자리부터 살며시 부어 앞뒤로 익힌다.

8 접시에 가지뱅뱅이와 샐러드를 함께 낸다.

TIP

엑스트라 버진 올리브유에 트러플(송로버섯)을 넣어 일정시간 후 압착하여 만든 것으로 향과 맛이 강하기 때문에 몇 방울만 사용한다. 트러플 오일이 없다면 생략해도 좋다.

가지 스테이크

풍성한 식감을 살린 가지요리
상큼하고 고소한 샐러드를 올려

요리시간
20분

- 토마토
- 옥수수
- 어린잎채소
- 가지

재료

- 가지 1개
- 토마토 50g
- 달걀 2개
- 적양파 1/4개
- 어린잎채소 20g
- 캔 옥수수 2큰술
- 그릭 요거트 1큰술
- 소금 약간
- 후추 약간

만드는 법

1 가지는 1cm 정도 두께로 썰어 소금물에 담근 후 물기를 제거한다.

2 토마토는 둥글게 썰고 삶은 달걀, 적양파는 작게 다진다.

3 삶은 달걀, 캔 옥수수, 적양파, 그릭 요거트, 소금, 후추를 넣어 샐러드를 만든다.

4 물기를 제거한 가지는 오일을 두르지 않은 마른 팬에 노릇하게 굽는다. 소금, 후추를 뿌려 맛을 낸다.

5 구운 가지 위에 어린잎채소, 토마토, 달걀 샐러드를 올린다.

TIP

가지의 갈변이 신경 쓰인다면 가지를 썰어 소금물에 10분 정도 담가둔다. 검게 변하는 것도 막을 수 있으며 껍질의 보라색이 더욱 선명해진다.

● 실파

○ 두부

새우 살을 품은 두부 스테이크

요리시간

15분

동물성 단백질과 식물성 단백질을 한 번에 섭취할 수 있는
고소함과 짭쪼름한 매력적인 스테이크

재료

구운 두부 1개
새우 40g
달걀노른자 1개
타이거너트 파우더 2큰술
올리브유 1큰술
타마고 간장 1/2큰술
실파 약간
소금 약간
후추 약간

만드는 법

1 달걀은 분리해 노른자만 사용한다.

2 새우는 곱게 다져 타이거너트 파우더 1큰술, 소금, 후추를 넣어 치대듯이 반죽한다.

3 두부는 양끝 1cm 정도 남겨두고 가운데 부분에 칼을 넣어 파낸다.

4 파낸 두부 사이에 **2**의 반죽한 새우를 넣는다.

5 새우반죽을 채운 두부의 겉면에 타이거너트 파우더 1큰술을 골고루 묻힌다.

6 팬에 올리브유를 두르고 두부를 올려 약불에서 노릇하게 굽는다.

7 접시에 두부스테이크를 담고 달걀노른자, 실파, 타마고 간장을 곁들인다.

TIP

구운 두부는 두부의 고소함, 닭 가슴살의 담백함을 섞어 만들어 일반 두부에서는 느낄 수 없는 단단한 식감을 느낄 수 있다.

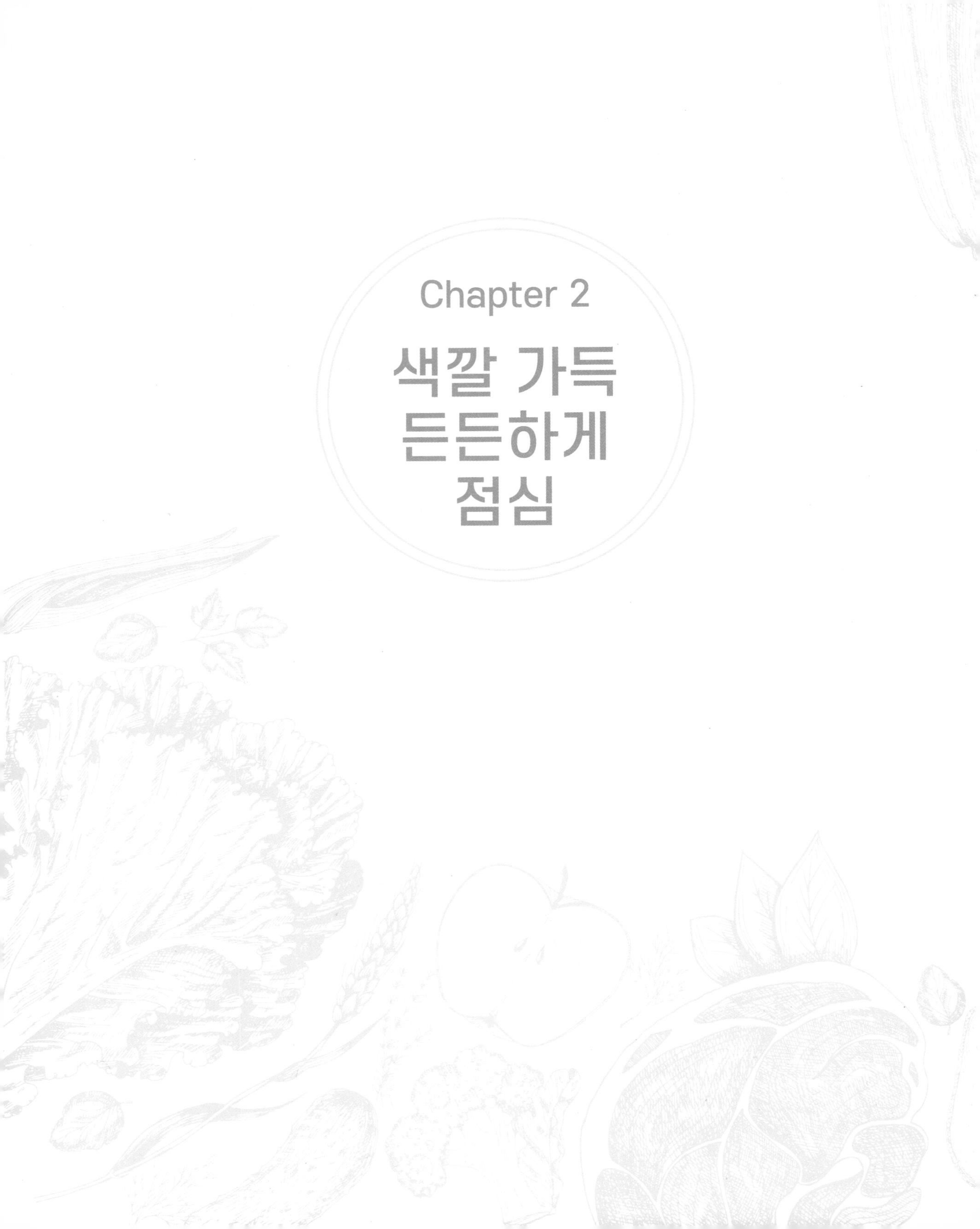

Chapter 2

색깔 가득 든든하게 점심

점심에는 색다른 맛이 필요하죠. 닭 가슴살과 고구마로 밋밋한 도시락이 아니라 맛있고 영양까지 채우는 색다른 레시피로 든든한 점심을 즐겨요.

- 토마토
- 고구마
- 상추

맛도 모양도 예쁜 고구마 버거

요리시간
15분

달콤한 고구마의 변신,
여러가지 재료들을 넣어 만든 영양 만점 버거

재료

고구마 100g
닭 가슴살 볼 100g
토마토 60g
상추 4장
체더치즈 1장

만드는 법

1. 고구마는 원형 모양으로 1cm 정도의 두께로 잘라 마른 팬에 넣고 앞뒤로 노릇하게 굽는다.
2. 준비한 닭 가슴살 볼도 굽는다.
3. 토마토는 납작하고 둥글게 썰고 상추는 잎 부분으로 준비한다.
4. 구운 고구마 위에 상추, 토마토, 치즈, 닭 가슴살 볼을 올리고 꼬치로 고정한다.

TIP

구입한 토마토가 신맛이 강하고 단맛이 부족하다면, 공기가 잘 통하도록 채반에 담아 햇빛이 드는 창가에 1~2일 정도 두면 좋다. 햇빛을 쬔 토마토는 신맛이 줄어들고 단맛이 증가한다.

달걀과 오이로 만든 한 입 버거

너무 귀엽고 앙증맞은 미니 버거
한 입에 쏙쏙 깔끔한 맛이 특징인

요리시간
20분

- 토마토
- 오이
- 적양파

재료

달걀 2개
오이 1/2개
터키브레스트 햄 1장
청상추 2장
방울토마토 4알
적양파 1/4개
체더치즈 1장

만드는 법

1 달걀은 완숙(물이 끓을 때 달걀을 넣어 12분 삶는다.)으로 삶아 반으로 잘라 그대로 사용하거나 노른자를 분리한다.

2 오이는 반으로 가르고 티스푼을 이용해 씨를 제거하여 보트 모양으로 만든다.

3 터키브레스트 햄은 팬에 살짝 구워 4등분하여 자른다.

4 토마토, 적양파, 치즈는 비슷한 크기로 썰고 청상추는 잎 부분으로 준비한다.

5 달걀흰자와 오이 보트 사이에 청상추, 토마토, 적양파, 치즈, 터키브레스트 햄을 넣고 꼬치로 고정한다.

TIP

끓는 물에 상온에 두었던 달걀을 넣고 2분 정도 같은 방향으로 저어주면 달걀노른자가 중앙에 오는 예쁜 모양을 만들 수 있다.

알록달록 샌드위치

아삭하고 건강해지는 맛의 든든한 한 끼
알록달록한 채소를 한 번에 먹을 수 있는

요리시간
15분

- 파프리카
- 파프리카
- 청상추
- 적양배추

재료

통밀 식빵 2쪽
크래미 70g
사과 40g
빨강 파프리카 40g
주황 파프리카 40g
노랑 파프리카 40g
적양배추 30g
청상추 6장
그릭 요거트 1큰술
캐슈너트 스프레드 1/2큰술
소금 약간
후추 약간

만드는 법

1 파프리카는 길게 채 썰고, 적양배추는 필러를 이용해 가늘게 채 썬다.
2 청상추는 깨끗이 씻어 물기를 제거하여 준비한다.
3 크래미는 결대로 찢고 가늘게 채 썬 사과와 그릭 요거트, 소금, 후추를 넣어 버무린다.
4 통밀 식빵은 앞뒤로 노릇하게 굽는다.
5 통밀 식빵 위에 캐슈너트 스프레드를 바르고 준비한 재료를 올려 쌓는다.
6 매직 랩을 이용해 첫 번째는 끈적이는 부분을 아래로 하여 샌드위치를 감싸고, 두 번째는 끈적이는 면을 위로 하여 먼저 포장한 것을 올린 다음 잡아당기듯 단단하게 포장하여 자른다.

TIP

매직 랩의 끈적이는 면이 입에 닿는 느낌이 좋지 않아 두 번 감싸주었지만 껌과 같은 성분으로 되어 있어 건강에는 영향을 주지 않는다.

후무스
달걀 샌드위치

고소하고 담백한 후무스에 색을 입혀
색다른 달걀 샌드위치를 만들어 보세요

요리시간
20분

- 비트
- 병아리콩
- 케일

재료

통밀 식빵 2쪽
후무스 150g
비트 가루 1작은술
케일 가루 1작은술
아보카도 1/4개
달걀 2개

만드는 법

1 달걀은 취향에 맞게 삶는다.
2 후무스를 두 개의 그릇에 나눠 담고 한쪽엔 비트 가루, 다른 한쪽엔 케일 가루와 아보카도를 섞어 두 가지 색으로 만든다.
3 통밀 식빵은 앞뒤로 노릇하게 굽는다.
4 통밀 식빵에 레드 후무스를 올리고 반숙란, 그린 후무스, 다시 식빵 순으로 올린다.
5 매직 랩을 이용해 첫 번째는 끈적이는 부분을 아래로 하여 샌드위치를 감싸고, 두 번째는 끈적이는 면을 위로 두고 포장한 샌드위치를 올린 다음 잡아당기듯 단단하게 포장하여 자른다.

TIP **후무스 만들기**

삶은 병아리콩(8시간 이상 불린 후 30분 정도 삶는다.) 150g, 올리브유 1큰술, 땅콩스프레드 1큰술, 참깨 1큰술, 마늘 1쪽, 콩 삶은 물 1/2컵, 레몬즙, 소금, 카옌페퍼, 큐민을 약간씩 넣고 블렌더로 갈아준다.

- 사과
- 파프리카
- 단호박
- 매생이

바다의 향이 솔솔 매생이 언위치

요리시간
25분

비타민, 무기질, 식이섬유, 단백질이 풍부한 매생이로
달콤하고 아삭한 사과를 넣어 만든 빵 없는 샌드위치

재료

닭 가슴살 100g	청상추 6장
사과 70g	달걀 1개
단호박 50g	오트밀 가루 2큰술
빨강 파프리카 40g	홀그레인 머스타드 1작은술
매생이 40g	

만드는 법

1 파프리카는 가늘게 채 썰고, 사과는 납작하게 썬다.

2 청상추는 씻어 물기를 제거하고, 닭 가슴살과 단호박은 삶는다.

3 매생이, 오트밀 가루(또는 오트밀), 물을 넣어 반죽한 후 팬에 넣고 적당한 크기로 부친다.

4 달걀프라이의 익힘 정도는 취향에 맞게 익힌다.

5 닭 가슴살은 가늘게 찢고, 삶은 단호박과 섞어 반죽한 둥글고 넙적한 모양으로 빚는다.

6 매생이 오트밀 전 위에 홀그레인 머스타드를 바르고 준비한 재료를 올려 쌓는다.

7 매직 랩을 이용해 첫 번째는 끈적이는 부분을 아래로 하여 샌드위치를 감싸고, 두 번째는 끈적이는 면을 위로 두고 포장한 샌드위치를 올린 다음 잡아당기듯 단단하게 포장하여 자른다.

TIP

매생이는 저칼로리, 저지방 식품으로 다이어트에 효과적이며 칼슘이 풍부해 부족한 무기질을 보충해줘요. 깨끗하게 씻어 소분해 냉동 보관해 사용하면 편하다.

다이어트 핫도그

다양한 색깔의 채소로 맛과 영양은
살리고 칼로리의 부담은 낮춘 초 간단 핫도그

요리시간
15분

- 파프리카
- 파프리카
- 오이
- 자색고구마

재료

닭 가슴살 소시지 2개
빨강 파프리카 40g
주황 파프리카 40g
노랑 파프리카 40g
오이 1/2개
자색고구마 50g

만드는 법

1 닭 가슴살 소시지는 끓는 물에 살짝 데쳐 꼬치를 꽂는다.
2 파프리카, 오이, 자색고구마는 스파이럴라이저를 이용해 길게 채 썬다.
3 데친 닭 가슴살 소시지에 준비한 재료를 색색별로 보기 좋게 돌돌 말아 감싼다. 스리라차 소스나 칠리 소스를 곁들이면 더욱 맛있게 즐길 수 있다.

TIP

고구마, 감자, 단호박을 삶아 으깨 소시지를 감싼 다음 견과류나 씨앗류를 묻혀 만들 수도 있다.

한 입 가득
대왕 김밥

한 입에 먹을 수 없는 대왕 김밥
욕심껏 꽉 채워 만든

요리시간
20분

- 파프리카
- 오이
- 적양파

재료

현미 곤약밥 150g
참치 50g
연어 50g
크래미 40g
달걀 1개
빨강 파프리카 1/4개
오이 1/4개
적양파 10g
구운 김 2장

만드는 법

1 현미 곤약밥은 전자레인지에 넣고 1분 30초 정도 데운 후 한 김 식힌다.

2 파프리카, 오이, 적양파는 가늘게 채 썬다.

3 참치와 연어는 적당한 크기로 자르고 크래미는 가늘게 찢는다.

4 달걀은 풀어 팬에 넣고 도톰하게 달걀말이를 만든다.

5 김발 위에 랩을 펼친 후 김 두 장을 겹쳐 올리고 위쪽부터 현미 곤약밥을 최대한 얇게 펴서 얹는다.

6 랩은 그대로 두고 밥을 편 김을 아래로 향하게 하여 랩 위에 뒤집는다.

7 김 위에 준비한 재료를 올려 랩이 안쪽으로 말려 들어가지 않게 중간 중간 빼주면서 김밥 말 듯이 만다. 참깨, 검정깨, 견과류 등을 밥 겉면에 묻히거나 와사비 간장소스, 스리라차 마요 소스에 찍어 먹으면 더욱 맛있게 즐길 수 있다.

TIP

아스타크산틴의 항산화 작용으로 피부를 지켜주는 연어는 먹고 남은 경우 종이 타월로 감싼 다음 랩을 씌워 냉장 보관하거나 냉동 보관할 경우에는 먹을 만큼 소분하여 랩으로 감싼 후 보관한다.

- 파프리카
- 파프리카
- 청상추
- 적양배추

레인보우 샐러드 롤

요리시간
25분

달걀의 부드러움과 아삭함이 살아있는
채소의 다양한 영양소를 한 입에 가득

재료

달걀 5개
라이스 페이퍼 2장
빨강 파프리카 1/4개
주황 파프리카 1/4개
청상추 6장
적양배추 10g
구운 김 2장
올리브유 1큰술
소금 약간

만드는 법

1 파프리카와 적양배추는 가늘게 채 썬다.

2 청상추는 잎 부분을 겹치게 하여 준비한다.

3 달걀은 분리하여 흰자는 5개, 노른자는 2개를 사용하여 각각 지단을 넓게 부쳐 식힌다.

4 식힌 노른자 지단은 가늘게 채 썬다.

5 김을 두 장 겹치고 물에 적신 라이스 페이퍼를 올린다. 사각 라이스 페이퍼를 사용하면 만들기 편하다.

6 그 위에 달걀흰자 지단을 올린 다음 색깔별로 준비한 재료를 일렬로 쭉 나열한 후 김밥 말 듯이 말아 먹기 좋은 크기로 자른다.

TIP

· 청상추 등 잎채소를 사용할 때에는 꼬불거리는 잎 부분을 서로 겹쳐지게 하면 썰었을 때 모양이 예쁘게 나온다.

· 재료를 올릴 때에는 재료와 재료 사이에 조금씩 공간을 두어야 밀리지 않고 예쁘게 말 수 있고, 김의 끝부분은 물을 살짝 묻혀주면 잘 붙는다.

- 파프리카
- 단호박
- 오이
- 적양배추

케일 훈제오리 롤

요리시간 20분

연하고 부드러운 단맛이 나는
케일로 만든 영양 만점 롤

재료

케일(즙용) 1장
단호박 150g
훈제오리 120g
오이 1/2개
빨강 파프리카 1/4개
청상추 6장
적양배추 10g
그릭 요거트 1큰술

만드는 법

1 단호박은 삶아 으깨어 한 김 식힌 후 그릭 요거트를 넣고 섞어 샐러드를 만든다.
2 오이, 파프리카, 적양배추는 가늘게 채 썬다.
3 훈제오리는 뜨거운 물에 데쳐 기름기를 제거하고 마른 팬에 넣고 한 번 더 굽는다.
4 케일의 굵은 줄기는 칼로 도려내고 칼등이나 방망이로 살살 두드려 부드럽게 만든다.
5 케일의 뒷면을 위로 오게 하여 단호박 샐러드를 골고루 펴서 얹는다.
6 청상추를 잎끼리 겹치게 한 후 훈제오리를 올려 감싼 것과 채 썬 재료를 올린다.
7 김밥 말 듯 돌돌 말아 매직 랩으로 감싸 잠시 고정한 후 먹기 좋은 크기로 자른다.

TIP

훈제오리는 물을 살짝 적신 종이 타월에 감싸 전자레인지에 넣고 2분 정도 가열하면 끓는 물에 데치는 것보다 쉽게 기름기를 제거할 수 있다.

- 파프리카
- 청상추
- 쌈 다시마
- 적양배추
- 양배추

다시마 크래미 롤

요리시간 25분

바다의 영양이 듬뿍 담긴 다시마로
담백한 맛이 일품인 롤

재료

쌈 다시마 70g
크래미 50g
빨강 파프리카 40g
양배추 30g
적양배추 30g
청상추 6장
달걀 2개
올리브유 1큰술

만드는 법

1 염장 쌈 다시마는 소금기를 제거하고 물에 30분 이상 담가 짠맛을 충분히 뺀다.

2 크래미는 가늘게 찢고 파프리카, 양배추, 적양배추는 가늘게 채 썬다.

3 달걀 푼 것에 크래미를 넣어 섞은 후 올리브유를 두른 팬에 부어 얇게 2장으로 나눠 부친다.

4 잔여 물기를 제거한 쌈 다시마를 펼친 후 청상추의 잎끼리 겹치게 하여 적양배추를 넣어 감싸 올린다.

5 크래미 달걀말이 위에 파프리카와 양배추를 각각 넣고 돌돌 말아 올려준 후 김밥 말듯이 만들어 먹기 좋은 크기로 자른다.

TIP

다시마는 식이섬유소가 풍부하고 열량이 낮으며 포만감을 주어 변비와 다이어트에 좋은 식품이다.

강황랩 쌈 두부 롤

황금빛 강황을 넣은 달걀 랩 안에
채소와 소시지의 풍성한 맛을 담았어요

요리시간
25분

- 토마토
- 강황
- 청상추
- 적양파

재료

달걀 2개
닭 가슴살 소시지 1개
쌈 두부 2장
토마토 50g
적양파 10g
청상추 6장
주황 파프리카 20g
오이 15g
크림치즈 라이트 1큰술
강황 가루 1작은술
볶은 귀리 가루 2큰술
올리브유 1큰술

만드는 법

1 달걀은 흰자 2개, 노른자는 1개만 섞어서 풀고 강황 가루, 귀리 가루를 넣어 달걀물을 만든다.
2 토마토는 얇게 슬라이스하고 오이, 적양파, 파프리카는 가늘게 채 썬다.
3 팬에 올리브유를 얇게 펴 바르고 달걀물을 부어 부친다.
4 쌈 두부 위에 닭 가슴살 소시지를 올려 감싼다.
5 식힌 달걀 랩에 크림치즈를 펴 바르고 청상추를 깔고 준비한 재료를 올려 돌돌 말아 감싼다.
6 매직 랩을 바닥에 깔고 롤을 올린 다음 안에 있는 공기를 빼는 느낌으로 살짝 눌러가며 단단히 고정한다.
7 유산지를 깔고 랩으로 고정한 롤을 올려 돌돌 말아 감싼 후 양쪽 끝을 사탕처럼 비틀어 고정한 다음 반으로 자른다.

TIP

쌈 두부는 일반 두부를 곱게 갈아 수분을 쫙 뺀 후 압착해 만드는 것으로 콩의 밀도가 높아 영양이 듬뿍 농축되어 있다.

- 파프리카
- 파프리카
- 오이
- 적양배추

돼지고기 버섯볶음을 곁들인 현미 샐러드

요리시간
35분

스트레스를 날려줄 매콤하고 쫄깃한
돼지고기 볶음으로 맛을 더한 샐러드

재료

돼지고기 안심 100g
새송이버섯 30g
오이 10g
빨강 파프리카 15g
주황 파프리카 15g
노랑 파프리카 15g
어린잎채소 15g
마늘 2쪽
현미 50g

샐러드 드레싱

올리브유 1큰술
레몬즙 약간
비정제 설탕 1/2큰술
소금 약간
후추 약간

고추장 양념

고추장 1큰술
간장 1/2큰술
올리고당 1큰술
파프리카 파우더 1큰술
후추 약간

만드는 법

1 돼지고기는 채 썰어 고추장 양념에 버무려 잠시 재워 둔다.

2 현미는 불리지 못했다면 물을 충분히 넣고 30분 정도 끓여 익힌 후 찬물에 헹궈 체에 밭쳐 물기를 뺀다.

3 파프리카, 오이는 가늘게 채 썰고 버섯은 큼직하게 썬다.

4 팬에 올리브유를 두르고 다진 마늘을 볶아 향을 낸 후 밑간해 둔 돼지고기를 넣어 볶다가 버섯을 넣어 물기 없이 익힌다.

5 올리브유, 소금, 후추, 레몬즙, 비정제 설탕을 넣어 샐러드 드레싱을 만든다.

6 삶은 현미와 파프리카, 오이, 드레싱을 넣고 섞는다.

7 접시에 어린잎채소와 현미 샐러드를 담고 **4**의 돼지고기 버섯볶음을 곁들인다.

TIP

파프리카를 생으로 먹을 때에는 올리브유 등과 같은 지방과 함께 먹으면 흡수율이 높아진다.

- 파프리카
- 파프리카
- 오이
- 적양배추
- 햄프씨드

무지개 유부닭

요리시간 25분

다이어트 요리의 핵심재료인 담백한 닭 가슴살을
쫄깃한 유부와 함께 색다르게 즐겨요

재료

두부 1/4모
닭 가슴살 100g
냉동 유부 7개
빨강 파프리카 5g
주황 파프리카 5g
노랑 파프리카 5g
오이 5g
적양배추 3g
햄프씨드 1/2작은술
검정깨 1/2작은술
비정제 설탕 1작은술
소금 약간
후추 약간

만드는 법

1. 냉동 유부는 속을 넣을 수 있게 윗부분을 잘라 기름을 제거하기 위해 끓는 물에 넣고 데친다.
2. 데친 유부는 소금, 비정제 설탕, 물 약간을 넣어 조린 뒤 식힌다.
3. 삶은 닭 가슴살은 잘게 찢어 다지고, 두부는 전자레인지에 돌려 수분을 제거하여 으깬 후 소금, 후추를 넣어 섞는다.
4. 파프리카, 오이, 적양배추는 작게 주사위 모양으로 썬다.
5. 유부 안에 두부 닭 가슴살을 넣은 뒤 준비한 파프리카, 오이, 적양배추, 햄프씨드, 검정깨를 윗부분에 채운다.

TIP

끓는 물에 유부를 살짝 데쳐 기름기를 제거하는 것이 번거롭다면 전자레인지를 사용할 수 있다. 물에 살짝 적신 종이 타월로 유부를 감싼 다음 전자레인지에 넣고 2장당 30초 정도 가열하면 종이 타월에 기름기를 손쉽게 제거할 수 있다.

- 고구마
- 아보카도
- 햄프씨드

달걀 품은 아보카도

요리시간
25분

아보카도 안에 반숙란을 넣어 감싼 후
달콤하고 부드러운 고구마 샐러드로 뭉쳐 만든 달품아

재료

달걀 1개
아보카도 1개
고구마 80g
어린잎채소 20g
그릭 요거트 1큰술
햄프씨드 1과 1/2큰술
타이거너트 파우더 1/2큰술

만드는 법

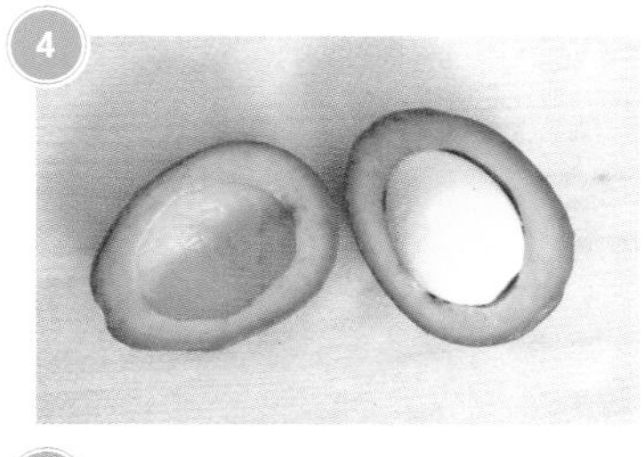

1 달걀은 끓는 물에 넣고 6~8분 정도 삶아 반숙란을 만든다.
2 고구마는 삶아 으깬 후 한 김 식혀 그릭 요거트를 넣어 섞는다.
3 아보카도는 반으로 가른 후 씨앗을 제거하고 달걀이 들어갈 만큼 속을 파낸 다음 껍질을 벗긴다.
4 속을 파낸 아보카도 안에 반숙란을 넣는다.
5 반숙란을 넣은 아보카도의 겉면에 타이거너트 파우더를 묻히고 고구마 샐러드로 감싼다.
6 겉면에 햄프씨드를 묻히고 어린잎채소와 곁들인다.

TIP

햄프씨드는 고소하고 부드러운 식감이 특징이며 칼로리는 낮지만 필수 영양소가 듬뿍 들어 있다. 따뜻한 밥에 뿌려 먹으면 톡톡 씹히는 재미와 함께 고소함을 즐길 수 있다.

Chapter 3

단백 가득 포근하게 저녁

저녁은 탄수화물을 가볍게 줄여 보았어요. 알록달록 다섯 가지 영양과 단백질을 듬뿍 담은 요리로 하루를 포근하게 마무리해요.

고구마 품은 닭 가슴살

고구마와 닭 가슴살을 한 번에
다이어트 식단의 기본

요리시간
30분

- 파프리카
- 고구마
- 대파

재료

고구마 120g
닭 가슴살 120g
빨강 파프리카 15g
대파 5g
달걀 1/3개
캔 옥수수 2큰술
타이거너트 파우더 1큰술
마늘 1쪽
소금 약간
후추 약간

만드는 법

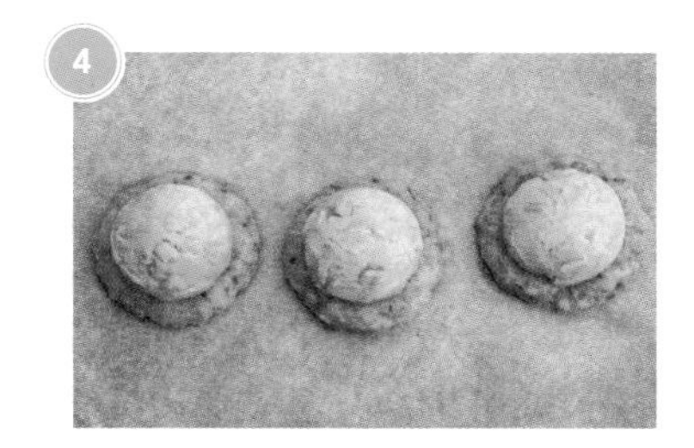

4

1 고구마는 삶아 으깬 후 캔 옥수수를 넣어 섞는다.

2 닭 가슴살과 준비한 채소는 다지고 달걀, 타이거너트 파우더, 소금, 후추를 넣어 반죽한다.

3 반죽한 닭 가슴살을 둥글게 만들어 오븐 팬에 올리고 고구마가 들어갈 자리를 숟가락으로 움푹 패이게 만든다.

4 닭 가슴살 스테이크 위에 고구마 반죽을 한 스쿱씩 올린다.

5 200도로 예열된 오븐에 넣어 15~20분 정도 굽는다.

TIP

고구마는 신문지에 싸서 서늘하고 그늘진 곳에 보관하거나 쪄서 냉동 보관한다. 사용하다 남은 것은 랩으로 씌워 채소 칸에 보관하고, 저온에 약하므로 가능한 빨리 먹는 게 좋다.

브로콜리 품은 닭 가슴살

닭 가슴살 안에 브로콜리를
쏘옥 넣어 부족한 영양을 채운 요리

요리시간 30분

- 당근
- 파프리카
- 브로콜리

재료

브로콜리 40g
닭 가슴살 120g
노랑 파프리카 15g
당근 10g
달걀 1/3개
타이거너트 파우더 1큰술
마늘 1쪽
소금 약간
후추 약간

만드는 법

1 브로콜리는 깨끗하게 씻어 작은 송이로 분리한다. 브로콜리 대신 콜리플라워를 사용해도 좋다.

2 닭 가슴살과 준비한 채소는 다지고 달걀, 타이거너트 파우더, 소금, 후추를 넣어 반죽한다.

3 닭 가슴살 반죽을 조금 떼어 동그랗게 굴려주고 엄지손가락으로 오목하게 만들어 준 후 브로콜리를 넣고 반죽을 오므려 손으로 쥐어 바람을 빼고 동그랗게 굴려 볼을 만든다.

4 에어프라이어 200도에서 12분 정도 굽는다. 중간에 한 번 굴려 골고루 익힌다.

TIP

브로콜리는 항암 성분 외에도 비타민 C, 베타카로틴, 철분, 칼륨 등 무기질과 식이섬유가 풍부하다. 보관할 때 끓는 물에 1~2분 정도 데쳐 밀폐용기에 담아 보관하면 좋다.

닭 가슴살 양상추 굴림 만두

양상추에 굴려 담백함과 아삭함까지 더한 만두

요리시간
25분

- 파프리카
- 양상추
- 적양파

재료

닭 가슴살 120g
양상추 50g
빨강 파프리카 15g
적양파 15g
달걀 1/3개
마늘 1쪽
타이거너트 파우더 1큰술
소금 약간
후추 약간

만드는 법

1 양상추는 잎 부분으로 골라 가늘게 채 썬다.
2 닭 가슴살과 준비한 채소는 다지고 달걀, 타이거너트 파우더, 소금, 후추를 넣어 반죽한다.
3 닭 가슴살은 한 입 크기로 동그랗게 빚어 겉에 채 썬 양상추를 골고루 묻힌다.
4 전용 용기에 담아 전자레인지에 넣고 6분 정도 가열한다.

TIP

양상추 대신 양배추로 할 때는 살짝 절인 후 꼭 짜서 사용하면 된다.

- 토마토
- 단호박
- 가지
- 쥬키니 호박

아코디언 닭 가슴살 구이

요리시간 20분

닭 가슴살에 여러 가지 채소를 끼워 넣은
색다른 스테이크

재료

닭 가슴살 120g
단호박 40g
토마토 40g
쥬키니 호박 30g
가지 20g
올리브유 1큰술
소금 약간
후추 약간

만드는 법

1 닭 가슴살은 손질 후 좁은 간격으로 칼집을 깊게 넣은 다음 올리브유, 소금, 후추로 밑간해 둔다.
2 가지, 단호박, 쥬키니 호박, 토마토는 반달 모양으로 얇게 썬다.
3 닭 가슴살 칼집 사이에 슬라이스한 채소를 끼운다.
4 에어프라이어 200도에서 10분 정도 굽는다.

TIP

신선한 토마토 대신 썬드라이드 토마토(토마토를 오븐이나 건조기를 이용해 말린 다음 각종 허브와 올리브유, 소금을 넣어 만든 것)를 넣으면 쫄깃함과 풍미가 좋아진다.

닭 가슴살 연근 브레제

닭 가슴살과 연근을 간장 소스에
뭉근히 조려낸 부드러운 찜 요리

요리시간
30분

- ● 파프리카
- ● 당근
- ○ 연근

재료

연근 140g
닭 가슴살 120g
빨강 파프리카 15g
당근 15g
마늘 1쪽
실파 5g
타이거너트 파우더 1큰술
간장 1과 1/2큰술
비정제 설탕 1/2큰술
올리브유 1큰술
소금 약간
후추 약간

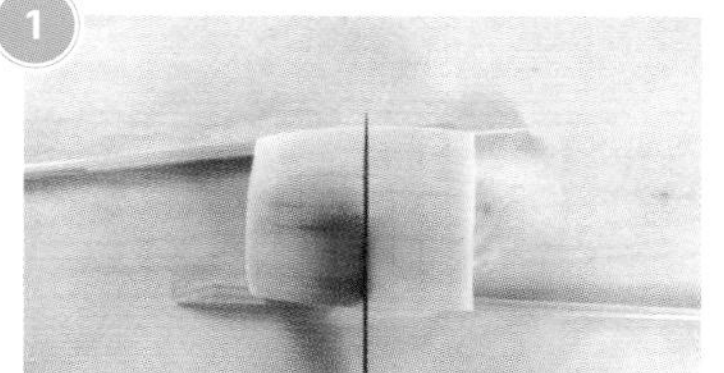

만드는 법

1 나무젓가락 사이에 연근을 두고 일정한 간격으로 썰어 식초 섞은 물에 넣고 3~5분 정도 데친다.

2 닭 가슴살과 파프리카, 당근, 마늘은 다지고 타이거너트 파우더, 소금, 후추를 넣어 반죽한다.

3 데친 연근의 칼집 사이에 반죽한 닭 가슴살을 넣어 모양을 만든다.

4 올리브유를 두르고 연근을 굴려가며 겉면을 익힌 다음 간장, 비정제 설탕, 물을 부어 약불에서 8분 정도 뭉근히 조린다.

5 완성되면 실파를 뿌린다.

TIP

통 연근은 살짝 적신 신문지로 싼 다음 비닐에 넣어 냉장 보관하면 1주일 정도 신선하게 보관할 수 있다. 잘라서 파는 연근은 밀폐 용기에 완전히 잠길 정도의 물을 부어 보관하는데 비타민 C가 빠져나가므로 가능하면 빨리 사용하는 것이 좋다.

닭 가슴살 호박 가지 돔

닭 가슴살 스테이크와
채소볶음을 예쁘게 담아낸 한 끼

요리시간
20분

- 파프리카
- 파프리카
- 애호박
- 가지
- 새송이버섯

재료

닭 가슴살 스테이크 100g
가지 1/2개
애호박 1/2개
빨강 파프리카 20g
주황 파프리카 20g
양파 20g
새송이 버섯 15g
소금 약간
후추 약간

만드는 법

1 호박과 가지는 길게 슬라이스 하여 소금과 후추로 간한 다음 팬에 넣고 앞뒤로 노릇하게 구워 한 김 식힌다.
2 버섯, 양파, 파프리카는 채 썰어 물 1큰술을 두른 팬에 넣고 소금, 후추로 맛을 내 볶는다.
3 닭 가슴살 스테이크는 앞뒤로 굽는다.
4 둥근 볼에 랩을 깔고 구운 호박과 가지를 겹쳐 돌려 담는다.
5 그 안에 볶은 채소를 가득 채운 후 닭 가슴살 스테이크를 올린다.
6 스테이크 위로 여분의 가지와 호박이 있다면 안쪽으로 감싼 후 접시에 뒤집어 완성한다.

TIP

닭 가슴살 스테이크 대신 훈제오리를 구워 넣으면 피부 건강과 기력보충에 좋다.

● 파프리카

● 파프리카

○ 양배추

소고기 양배추 롤 조림

요리시간
25분

양배추를 소고기 안에 넣고
돌돌 말아 만들어 한 입에 쏙! 먹기 간편해요

재료

소고기(설도) 100g
양배추 120g
빨강 파프리카 40g
주황 파프리카 40g
노랑 파프리카 40g
간장 1큰술
비정제 설탕 1/2큰술
올리브유 1큰술
소금 약간
후추 약간

만드는 법

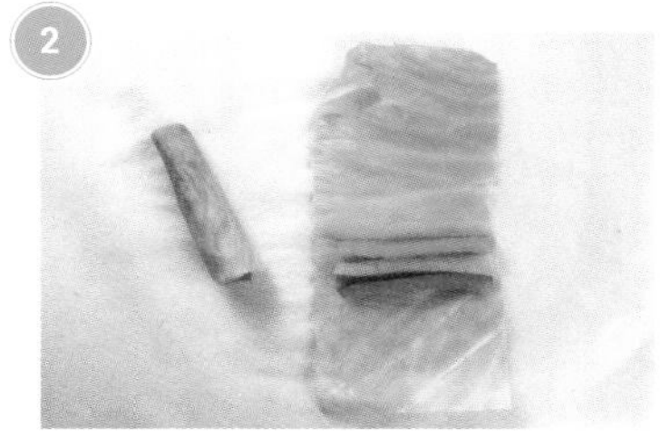

1 양배추는 한 장씩 잎을 떼어 봉투에 담아 전자레인지에 넣고 2분 정도 가열한 후 한 김 식힌다.
2 숨이 죽은 양배추에 굵게 채 썬 파프리카를 넣고 돌돌 말아 준비한다.
3 해동한 소고기는 종이 타월에 올려 핏물을 제거하고 펼친 후 소금, 후추를 뿌려 밑간한다.
4 밑간한 소고기 위에 양배추를 올려 돌돌 만다.
5 4의 롤은 올리브유 두른 팬에 끝부분이 풀리지 않게 먼저 익힌 뒤 돌려가며 굽는다.
6 5의 롤에 간장, 비정제 설탕, 물을 넣고 국물이 자작해질 때까지 약불에서 조린다.

TIP

고기를 조리기 전에 미리 한번 구워서 조리면 고기 표면의 단백질이 익어 얇은 막이 생기기 때문에 조리면서 육즙이 빠져나가는 것을 막을 수 있다.

소고기
로즈 포테이토

구워낸 예쁘고 사랑스러운 요리
감자와 소고기를 꽃처럼 돌돌 말아

요리시간
25분

● 어린잎채소

○ 감자

재료

소고기(설도) 120g
감자 100g
어린잎채소 30g
발사믹 식초 1큰술
올리브유 1큰술
소금 약간
후추 약간

만드는 법

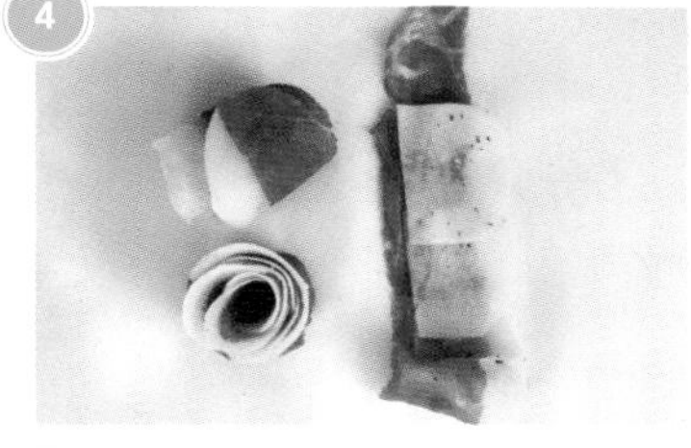

1 감자는 얇게 슬라이스하여 찬물에 담가 전분을 제거한다.

2 소고기는 길게 썰어 종이 타월에 올려 핏물을 제거한 후 소금, 후추를 뿌려둔다.

3 전분을 제거한 감자는 체에 밭쳐 물기를 뺀다.

4 소고기를 길게 펼쳐주고 그 위에 얇게 썬 감자를 겹쳐지게 올려 돌돌 말아 준다. 이때 엉성한 느낌으로 힘을 빼고 말아야 속까지 잘 익힐 수 있다.

5 에어프라이어 바스켓에 올린 뒤 올리브유를 살짝 뿌려준 후 160도에서 8분 굽고 뒤집어서 6분 정도 더 굽는다.

6 어린잎채소와 발사믹 식초를 곁들인다.

TIP

감자는 냉장 보관 시 전분이 당분으로 변하여 맛이 변할 수 있으니 신문지에 싼 후 그늘지고 서늘한 곳에 보관하는 것이 좋고 사과 1개를 함께 넣어주면 에틸렌가스가 감자의 싹이 나는 것을 늦춘다.

● 파프리카

● 브로콜리

○ 감자

돼지고기 달걀 오븐구이

요리시간
30분

서양식 오븐구이에 중국식 굴소스로 맛을 내고
달걀을 올려 부드럽게 만든 돼지고기 요리

재료

달걀 1개
돼지고기 안심 100g
감자 90g
브로콜리 30g
빨강 파프리카 20g
새송이버섯 15g
마늘 1쪽
올리브유 1큰술
굴소스 1작은술
후추 약간

만드는 법

1 돼지고기와 채소는 비슷한 크기로 큼직하게 썬다.
2 브로콜리는 작은 송이로 떼어 주고 달걀은 흰자와 노른자를 분리하여 작은 그릇에 담는다.
3 올리브유 두른 팬에 다진 마늘을 넣어 향을 내고 돼지고기, 감자, 브로콜리, 새송이버섯, 파프리카 순으로 넣어 센 불에서 볶는다.
4 재료가 어느 정도 볶아지면 굴소스, 후추를 넣어 맛을 낸다.
5 볶은 재료를 용기에 담고 달걀흰자를 올려 210도로 예열된 오븐에 넣어 15~20분 정도 굽는다.
6 완성되면 오븐에서 꺼내 달걀노른자를 올린다.

TIP

돼지고기 부위 중 안심은 지방 함량이 가장 적은 부위로 안심으로 요리하면 열량도 낮추고, 포화지방산 섭취도 줄일 수 있다.

템페 카레 크레이프

달걀로 만든 크레이프 안에
육류 대신 템페를 넣어 만든 카레 요리

요리시간
30분

- 토마토
- 당근
- 그린빈스
- 양파

재료

달걀 2개
오징어 60g
템페 40g
삶은 병아리콩 30g
냉동 채소 30g
(당근, 완두콩, 그린빈스)
양파 20g
토마토 20g
오트밀 가루 2큰술
커리 파우더 1큰술
소금 약간
후추 약간

만드는 법

1 달걀을 풀어 오트밀 가루, 물 2큰술을 넣고 가볍게 섞어 체에 거른다.
2 오징어는 병아리콩 크기의 주사위 모양으로 썰고 템페, 토마토, 양파도 비슷한 크기로 썬다.
3 팬에 올리브유를 두르고 먼저 양파를 약불에서 충분히 볶는다.
4 양파가 볶아지면 오징어, 템페, 토마토, 냉동 채소, 삶은 병아리콩를 넣고 볶는다.
5 볶다가 커리 파우더, 후추를 넣고 자체 수분이 나오도록 약불에서 끓인다.
6 미리 반죽해둔 달걀물을 얇게 부친다.
7 달걀 크레이프 위에 볶은 카레를 넣어 감싼 뒤 반으로 자른다.

TIP

양파가 타지 않게 약불에서 충분히 볶은 다음 다른 재료를 넣어 만들면 깊은 단맛과 감칠맛이 증가해 카레 맛이 좋아진다.

● 파프리카

● 파프리카

● 영양 부추

가자미 구이와 타이식 곤약 샐러드

요리시간 20분

타이식 소스로 버무려 이국적인 향기가 나는
곤약 샐러드와 담백한 생선구이의 만남

재료

가자미 100g
곤약 40g
영양 부추 10g
빨강 파프리카 10g
주황 파프리카 10g
노랑 파프리카 10g
타이거너트 파우더 1큰술
타이식 드레싱 적당량
(타이식 드레싱 만들기 209쪽 참고)
올리브유 1큰술
소금 약간
후추 약간

만드는 법

1 곤약은 굵게 채 썰거나 꽈리모양을 만들어 냄비에 식초를 넣은 물에 1분 정도 데친 다음 체에 밭쳐 물기를 뺀다.
2 파프리카는 채 썰고 영양 부추는 파프리카 길이에 맞춰 썬다.
3 가자미는 소금, 후추를 뿌려 맛을 낸 후 타이거너트 파우더를 묻혀 올리브유 두른 팬에 노릇하게 굽는다.
4 곤약, 파프리카, 영양 부추에 타이식 드레싱을 넣어 가볍게 섞는다.
5 구운 가자미와 곤약 샐러드를 함께 낸다.

TIP

가자미 등의 흰살 생선은 지방과 수분이 적기 때문에 지나치게 오래 가열하면 지방과 수분이 빠져나가서 맛이 떨어질 수 있으니 90% 정도 익었을 때 불을 끄고 나머지는 남은 열로 익히는 게 좋다.

수플레 오믈렛을 올린
관자 토마토 볶음

촉촉한 수플레 오믈렛으로 맛을 더한 요리
상큼한 토마토와 쫄깃한 관자를 볶아 부드럽고

요리시간
25분

● 토마토
● 브로콜리
○ 양파

재료

관자 70g
양파 70g
토마토 60g
브로콜리 40g
달걀 2개
마늘 1쪽
케첩 1과 1/2큰술
올리브유 1큰술
소금 약간
후추 약간

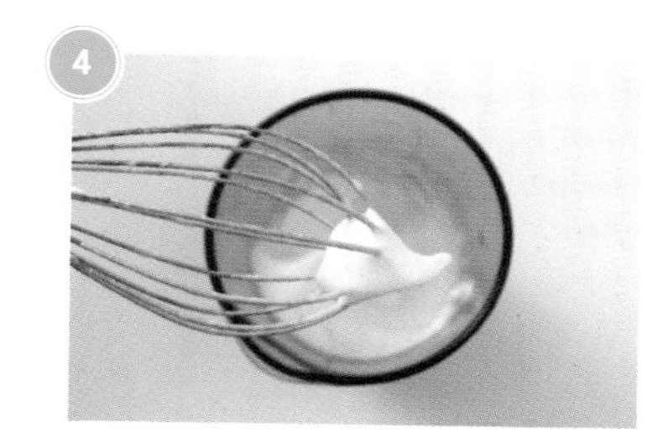

만드는 법

1 브로콜리는 작은 송이로 떼어 내고 관자는 넓적하게 슬라이스한다. 토마토와 양파는 비슷한 크기로 썬다.

2 올리브유를 두르고 양파를 볶다가 브로콜리, 토마토, 관자를 넣어 센불에서 익힌다.

3 어느 정도 익으면 케첩, 소금, 후추를 넣어 맛을 낸다.

4 달걀흰자와 노른자를 분리하여 흰자는 거품기로 휘핑하고 노른자에는 흰자를 조금 섞어 부드럽게 푼다.

5 올리브유를 살짝 바른 오믈렛 팬에 풍성해진 흰자거품을 넣고 뚜껑을 덮어 약불에서 2분 정도 익힌 후 접시에 옮긴다.

6 다시 팬에 노른자 달걀물을 부어 얇게 부치고 익기 전에 흰자거품 익힌 것을 가운데에 담고 노른자 지단으로 감싼다. 이때 불을 끄고 남아 있는 잔열로 익혀야 타지 않고 부드럽게 만들 수 있다.

7 그릇에 관자 토마토 볶음을 담고 그 위에 오믈렛을 올린다.

TIP

채소는 가지, 버섯 등 좋아하는 것으로 그때그때 있는 것을 활용할 수 있다.

- 당근
- 병아리콩
- 무순
- 콜라비

새우 샐러드와 병아리콩 전

요리시간
25분

캐슈너트 소스로 버무린 샐러드가
병아리콩을 만나 고소한 맛이 배가 되었어요

재료

삶은 병아리콩 1컵
새우 100g
당근 15g
콜라비 15g
달걀 1개

마늘 1/2쪽
타이거너트 파우더 1큰술
캐슈너트 스프레드 1/2큰술
연겨자 1/2작은술
레몬즙 1/2작은술

올리브유 1큰술
무순 약간
소금 약간
후추 약간

만드는 법

1 병아리콩은 8시간 이상 불리고 30분 정도 삶아 준비한다.

2 병아리콩에 달걀, 타이거너트 파우더, 소금, 물 1큰술을 넣고 블렌더로 곱게 갈아 반죽한 다음 팬에 올리브유를 두르고 동그랗게 부친다.

3 당근과 콜라비는 길고 납작하게 썬다.

4 올리브유를 두른 팬에 새우를 넣고 볶다가 당근과 콜라비를 넣어 센불에서 살짝 익힌 뒤 식힌다.

5 캐슈너트 스프레드 1/2큰술, 연겨자, 레몬즙, 소금, 마늘즙을 섞어 소스를 만든다.

6 새우, 당근, 콜라비에 캐슈너트 소스를 넣어 버무린다.

7 부친 병아리콩 전 위에 새우 샐러드를 곁들이고 무순을 올린다.

TIP

당근에는 비타민 C를 파괴하는 아스코르비나아제라는 효소가 있어서 생으로 먹을 경우엔 다른 채소에 들어있는 비타민 C의 흡수를 방해할 수 있으니, 식초나 레몬즙을 함께 먹으면 좋다.

● 파프리카

● 청피망

○ 숙주

새우 천사채 팟타이

요리시간 30분

쌀국수 대신 꼬들한 천사채를
부드럽게 만들어 넣은 타이식 볶음국수

재료

천사채 130g
새우 100g
숙주 50g
빨강 파프리카 30g
양파 30g
청피망 20g
마늘 1쪽
피시소스 1큰술
올리브유 1큰술
굴소스 1/2큰술
비정제 설탕 1/2큰술
땅콩 스프레드 1작은술
크러시드 페퍼 약간
가쓰오부시 약간
후추 약간

만드는 법

1 천사채는 삶아 부드럽게 만든다.
2 파프리카, 청피망, 양파는 채 썰고 숙주나물은 씻어서 준비한다.
3 피시소스, 땅콩 스프레드, 굴소스, 비정제 설탕, 물을 넣고 섞어서 소스를 만든다.
4 올리브유를 두른 큰 팬에 다진 마늘을 넣고 볶아서 향을 내고 양파를 센불에서 빠르게 볶는다.
5 불을 줄이고 새우, 천사채, 소스를 넣고 약불에서 소스가 골고루 밸 때까지 볶는다.
6 마지막으로 파프리카, 청피망, 숙주를 넣어 센불에서 재빨리 섞으면서 볶는다.
7 접시에 담고 가쓰오부시, 크러시드 페퍼 등을 곁들인다.

TIP 천사채 당면 만들기

깊은 냄비에 물을 넣고 끓이다가 소금, 식소다 1큰술 넣고 천사채를 넣어 젓가락으로 6분 정도 저으며 끓이다 보면 부드럽게 풀리는 순간이 있다. 이때 꺼내 찬물에 헹군다. 잘 풀리지 않는다면 식소다를 조금씩 추가한다.

Chapter 4

힐링 가득 특별하게 디저트

다이어트를 한다고 디저트를 끊을 수는 없죠. 그럴 때는 칼로리를 낮추고, 맛은 올려 지친 나에게 달달하고 가벼운 디저트를 선물해요.

구운 두부 단호박 산도

은은한 단맛으로 특별해지는 간식
단호박과 팥앙금의

요리시간
15분

● 단호박
● 팥
○ 두부

재료

구운 두부 1/2모
단호박 70g
팥앙금 30g
그릭 요거트 1큰술
호두 1쪽

만드는 법

1 구운 두부는 반으로 자르고 호두는 다진다.

2 단호박은 삶아 으깬 다음 그릭 요거트를 넣고 섞어서 샐러드를 만든다.

3 팥앙금에 다진 호두를 넣어 섞은 다음 동그랗게 볼로 만든다.

4 구운 두부 위에 단호박 샐러드, 팥앙금 볼, 단호박 샐러드, 구운 두부 순으로 올려 반으로 자른다.

TIP **팥앙금 만들기**

1 삶는 시간을 단축하기 위해 깨끗하게 씻어서 불린다.

2 팥이 잠길 정도로 물을 붓고 10분 정도 팔팔 끓여 그 첫물은 버린다. 사포닌 성분 때문에 아린맛과 쓴맛이 있고 위장이 약한 사람은 배탈이 날 수 있다 하니 첫물은 꼭 버리는 게 좋다.

3 한 번 더 행군 후 물을 다시 부어 약불에서 50분 정도 팥이 뭉개질 정도로 충분히 끓인다. 취향에 맞게 소금이나 당류를 넣어 저어가며 수분을 날리고 넓은 그릇에 담아 으깨면서 식힌다.

4 부드러운 식감을 원한다면 블렌더를 이용해 갈아준다. 완성되면 지퍼 백이나 용기에 소분하여 냉동 보관한다.

- 콩가루
- 시금치
- 오트밀

시금치 오트밀 컵케이크

요리시간 20분

녹색채소의 대표주자 시금치를 넣고 예쁘게 만들어
고소함을 더해 만든 눈으로 먼저 즐기는 케이크

재료

시금치 20g
오트밀 가루 50g
콩가루 7g
달걀 1개
캐슈너트 밀크 20ml
메이플시럽 1큰술
소금 약간

3

만드는 법

1 시금치는 적당히 썰어 용기에 담고 달걀, 캐슈너트 밀크, 메이플시럽, 소금을 넣어 블렌더로 갈아 퓌레를 만든다.

2 시금치 퓌레에 오트밀을 넣고 섞는다.

3 실리콘 틀에 담아 에어프라이어에서 160도로 8분 정도 굽는다.

4 콩가루에 캐슈너트 밀크, 메이플시럽을 넣어 섞은 다음 컵케이크와 곁들인다.

TIP

시금치는 계절에 따라 질감의 차이가 나는데 여름에는 크고 단단하며 겨울에는 야들야들하고 부드러운 것이 특징이다.

웨이브 고구마 와플

고소함이 배가되는 고구마 간식
모양만 바꾸었을뿐인데 단맛과

요리시간
20분

● 고구마
● 자색고구마

재료

고구마 70g
자색고구마 70g
오트밀 가루 3큰술
올리브유 2큰술

만드는 법

1 고구마는 스파이럴라이저나 채칼을 이용해 가늘게 채 썬다.

2 채 썬 고구마에 오트밀 가루, 물을 넣어 되직한 상태로 반죽한다.

3 와플 팬에 올리브유를 바르고 두 가지 고구마를 엇갈려 올린 후 약불에서 10~12분 정도 앞뒤로 노릇하게 굽는다.

4 취향에 맞게 시나몬 가루, 시럽 등을 곁들인다.

TIP

고구마를 자르면 단면에서 흰 유액 성분이 나오는데 이것은 얄라핀이라는 성분으로 위를 지켜주고 풍부한 식이섬유와 함께 배변 활동을 원활하게 한다.

병아리콩 잡채 호떡

채소를 넣어 부족한 영양소를
채운 병아리콩 호떡

요리시간
20분

- 파프리카
- 파프리카
- 병아리콩
- 피망
- 자색고구마

재료

삶은 병아리콩 60g
자색고구마 60g
천사채 20g
빨강 파프리카 10g
주황 파프리카 10g
청피망 10g
라이스 페이퍼 2장
땅콩 스프레드 1작은술
소금 약간
후추 약간

만드는 법

1 병아리콩은 8시간 이상 불린 후 뭉개질 정도로 30분 정도 삶는다. 미리 삶아 냉동 보관해두면 사용하기 편하다.

2 자색고구마도 삶아 병아리콩과 섞어서 으깬다.

3 파프리카, 피망은 작고 가늘게 채 썰고 천사채는 당면화 하여 소금, 후추로 간을 맞춰 섞는다.

4 병아리콩 반죽을 동그랗게 빚은 다음 엄지손가락으로 오목하게 만들어 천사채 잡채를 넣고 오므려 납작하고 둥근 모양으로 만든다.

5 물에 적신 라이스 페이퍼 위에 잡채를 넣은 병아리콩 반죽을 올려 감싼다.

6 팬에 올리브유를 두르고 서로 붙지 않도록 하며 앞뒤로 노릇하게 굽는다.

TIP

천사채는 다시마를 가공해서 만든 것으로 포만감을 주며 장운동을 촉진 시켜 변비와 다이어트에 효과적이다. 실곤약을 사용해도 좋다. (129쪽 참고)

촉촉 달걀빵

보드라운 카스텔라가 생각날 때 초 간단 달걀빵

요리시간
20분

- 고구마
- 단호박
- 타이거너트

재료

고구마 35g
단호박 35g
달걀 2개
땅콩 스프레드 1작은술
타이거너트 파우더 약간

만드는 법

1 달걀은 흰자와 노른자를 분리하여 담는다.

2 고구마와 단호박은 삶아 으깬 후 한 김 식혀 땅콩 스프레드, 달걀노른자를 넣어 반죽한다.

3 달걀흰자를 거품기로 저어준다.

4 거품을 낸 달걀흰자를 반으로 나눠 고구마와 단호박에 넣어 각각 섞는다. (각각 나누지 않고 고구마와 단호박을 섞어 만들거나 한 가지로 만들어도 좋다.)

5 내열 용기에 반죽을 담아 전자레인지에 넣고 3분 정도 가열한다. 젓가락으로 찔렀을 때 묻어나지 않으면 익은 것이니 확인 후 부족하면 30초씩 추가하여 가열한다.

6 그릇에 옮겨 담아 타이거너트 파우더를 뿌린다.

TIP

취향에 맞게 시나몬 가루, 카카오 가루 등을 추가할 수 있다.

두부
브라우니

식혀 먹으면 더욱 맛있어요
진한 카카오의 맛을 느낄 수 있는 브라우니

요리시간
10분

- ● 카카오
- ○ 두부

재료

두부 1/4모
100% 카카오 가루 30g
오트밀 가루 20g
캐슈너트 밀크 30ml
바나나 1/2개
메이플시럽 1큰술
캐슈너트 스프레드 1/2큰술
아몬드 슬라이스 약간
카카오닙스 약간
소금 약간

만드는 법

1 두부는 용기에 담아 전자레인지에 넣고 1분 30초 정도 가열하여 수분을 뺀 후 포크로 곱게 으깬다. 두부는 수분을 최대한 제거하는 것이 좋으며 익혀서 넣어야 특유의 비린 맛을 없앨 수 있다.

2 으깬 두부에 준비한 모든 재료를 넣고 골고루 섞는다. 블렌더를 이용해 갈아주어도 좋다.

3 전용 용기에 브라우니 반죽을 넣고 아몬드 슬라이스, 카카오닙스를 올린다.

4 전자레인지에 넣고 먼저 1분 정도 가열한 후 가장자리의 익은 상태를 보며 30초씩 두 번 더 가열한다.

5 식힌 후 바나나를 곁들인다.

TIP

카카오 가루를 육류나 생선으로 요리할 때 조금 뿌리면 비린내가 감소하는 효과가 있고, 또 칼로리가 낮고 풍부한 식이섬유를 함유하고 있어 포만감을 준다.

- 비트
- 단호박
- 케일

삼색 오트밀 바스켓

요리시간 20분

오트밀을 바스켓 모양으로 구워
토핑에 따라 다양한 맛을 즐길 수 있어요

재료

오트밀 70g
달걀 1개
타이거너트 파우더 1큰술
메이플시럽 1작은술
케일 가루 1작은술
단호박 가루 1작은술
비트 가루 1작은술

만드는 법

1 오트밀에 달걀, 타이거너트 파우더, 메이플시럽을 넣어 반죽한다.
2 3등분으로 나눠 케일, 단호박, 비트 가루를 넣고 섞는다.
3 실리콘 틀에 반죽을 넣고 틀 가장자리로 골고루 채워 바스켓 모양을 만든다.
4 에어프라이어에서 160도로 10분 굽고 뒤집어서 5분 정도 더 굽는다. 요거트나 샐러드 등 다양한 토핑을 올려 먹을 수 있다.

TIP

타이거너트는 고소하고 씹을수록 단맛이 나는 것이 특징이며 식이섬유가 풍부하고 식물성 단백질의 좋은 공급원이다.

- 사과
- 시나몬
- 오트밀

사과 링 쿠키

요리시간
30분

사과와 찰떡인 시나몬 가루를
듬뿍 넣은 달콤한 디저트 쿠키

재료

사과 1/2개
오트밀 40g
캐슈너트 밀크 4큰술
아몬드 슬라이스 10g
햄프씨드 10g
시나몬 가루 1작은술
땅콩 스프레드 1작은술
비정제 설탕 1작은술

만드는 법

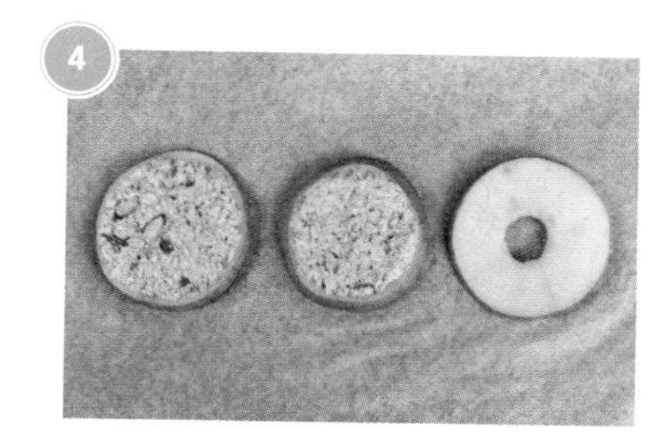

1 사과는 애플코어러를 이용해 씨를 제거하고 도톰하게 링으로 썬다. 도구가 없다면 사과를 링 모양으로 썬 후 숟가락을 이용해 씨 부분을 제거하면 된다.

2 사과의 한쪽 면에 비정제 설탕을 살짝 묻힌다.

3 오트밀, 아몬드 슬라이스, 캐슈너트 밀크, 땅콩 스프레드, 시나몬 가루를 넣고 섞는다.

4 사과는 비정제 설탕 묻힌 부분을 아래로 향하게 하여 팬에 펼친 다음 그 위에 오트밀 반죽을 올리고 햄프씨드를 뿌린다.

5 210도로 예열된 오븐에 넣어 15~20분 정도 굽는다.

TIP

오트밀은 식이섬유는 풍부하지만 비타민이 부족하다. 사과와 먹으면 부족한 비타민과 단맛을 보충할 수 있어서 좋다.

통곡물
너트바

말이 필요 없는 고소한 영양 간식의 최고봉

요리시간
20분

● 크랜베리

○ 견과류

재료

통곡물 60g
견과류 50g
올리고당 25g
비정제 설탕 15g
크랜베리 10g
땅콩 스프레드 1작은술
시나몬 가루 약간

만드는 법

1 견과류는 구워서 사용하면 훨씬 고소해지므로 170도로 예열된 오븐에서 10분 정도 굽거나 마른 팬에 볶는다.
2 팬에 비정제 설탕, 올리고당, 물 1큰술을 넣고 녹을 만큼 끓이다가 땅콩 스프레드를 넣어 섞는다.
3 끓인 소스에 준비한 통곡물(오트밀, 렌틸콩, 볶은 곤약, 볶은 귀리 등), 견과류(아몬드, 피칸, 호두, 파스타치오 등), 크랜베리를 넣어 골고루 섞는다.
4 실리콘 모양 틀에 담거나 사각 틀(20X7cm)에 유산지를 깔고 눌러 담는다.
5 냉동고에 넣어 1시간 정도 굳힌 후 6등분으로 자른다. 설탕 양이 과하거나 너무 오래 굳히면 자를 때 부서질 수 있으니 주의한다.

TIP **아몬드 밀크 만들기**

6~8시간 불린 아몬드의 껍질을 벗긴다. (생략해도 괜찮다.) 불린 아몬드를 물(아몬드의 4~7배)과 함께 블렌더에 갈아준다. 체에 거르고 취향에 따라 꿀이나 소금을 첨가한다.

타이거너트로 버무린 콩 볶음

식이섬유까지 더한 쫀득한 식감의 콩 볶음

손이 가요 손이 가

요리시간
20분

● 단호박

● 검은콩

재료

불린 검은콩 100g
단호박 핏콩바 부스러기 15g
물 30ml

만드는 법

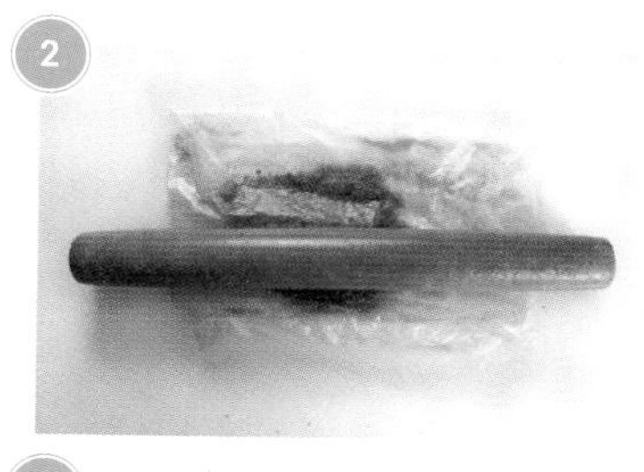

1 검은콩을 씻어 30분 이상 물에 불린다.

2 핏콩바 부스러기는 봉투에 담아 방망이를 이용하여 더 잘게 부순다.

3 잘게 부순 가루에 물을 섞어 묽게 반죽물을 만든다.

4 바닥이 두꺼운 팬에 검은콩을 넣고 중간 불에서 고소한 냄새가 날 때까지 10분 정도 볶는다.

5 콩이 다 볶아지면 반죽물을 가장자리에 조금씩 부어가며 섞는다. 이때 콩을 주걱으로 섞어주면서 눌어붙거나 타지 않도록 옷을 입혀 버무리는 느낌으로 볶는다.

TIP

타이거너트를 원료로 한 핏콩바의 부스러기를 사용했는데 없을 경우에는 타이거너트 파우더에 소금과 시럽을 추가하여 사용하면 된다.

병아리콩 스낵

달달한 맛과 은은한 시나몬의
향을 더한 가벼운 간식

요리시간
15분

● 병아리콩

● 검은콩

재료

삶은 병아리콩 1컵
검은콩 가루 1큰술
자색고구마 가루 1큰술
올리브유 1/2큰술
비정제 설탕 1큰술
물 1작은술

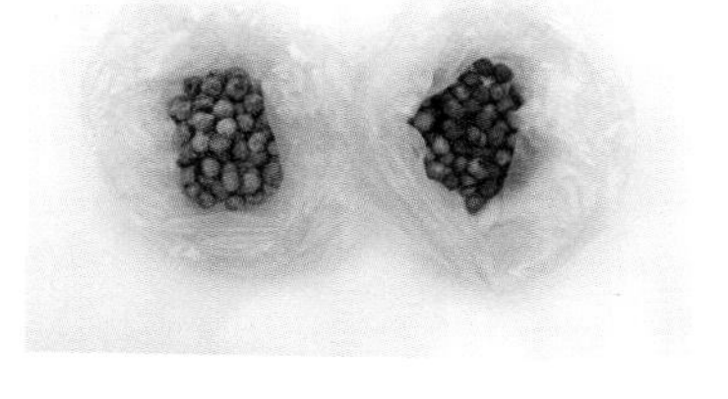

만드는 법

1 병아리콩은 8시간 이상 불린 다음 30분간 삶은 것을 준비한다.

2 올리브유, 비정제 설탕, 물을 섞어 끓이다가 삶은 병아리콩을 넣어 충분히 맛이 스며들 때까지 7분 정도 볶는다. 바삭하게 만들고 싶다면 오븐 팬에 잘 펼쳐 180도로 예열된 오븐에서 10~15분 정도 굽는다.

3 볶은 병아리콩을 검은콩 가루와 자색고구마 가루를 담은 봉투에 나눠 담아 흔들어 가루를 묻힌다.

TIP

콩에 흠집이 없는지, 이물질은 없는지 확인하여 선택하고, 물에 불리는 과정이 번거로울 때에는 통조림 제품을 사용하면 된다.

- 고구마
- 아보카도
- 케일

아보카도 요거트

요리시간
15분

아보카도 껍질 안에 씨앗까지
먹을 수 있는 상큼한 영양을 담았어요.

재료

아보카도 1/2개
고구마 30g
그릭 요거트 2큰술
케일 가루 1작은술
땅콩 스프레드 1작은술
시나몬 가루 약간

만드는 법

1 고구마는 삶아 으깨고 땅콩 스프레드, 시나몬 가루를 섞어 아보카도 씨앗 크기로 볼을 만든다.

2 아보카도는 세척 후 반으로 잘라 껍질과 과육을 분리한다.

3 그릭 요거트에 파낸 아보카도 과육을 섞고 일부분은 케일 가루를 넣어 섞는다. 나누지 않고 섞어도 좋다.

4 아보카도 껍질 안에 분리해서 만든 요거트를 겉에는 케일, 안쪽엔 아보카도 요거트를 채운 다음 씨앗 자리만큼 구멍을 만든다.

5 씨앗 자리에는 고구마 볼을 넣는다.

TIP **아보카도**

- **진갈색** | 부드럽게 익은 것으로 어떤 방법으로 먹어도 좋은 상태이며 냉장 보관한다.
- **녹갈색** | 단단하게 익은 것으로 얇게 슬라이스하거나 깍둑썰기 등 다양하게 먹을 수 있으며 익은 정도를 유지하려면 냉장 보관하고 더 익히려면 상온에 보관한다.
- **초록색** | 익지 않은 상태로 갈색이 될 때까지 상온에 보관한다.

요거트 바크

요거트와 과일과 견과류 등을 넣어 만든 시원한 간식

요리시간
10분

● 산딸기

● 블루베리

○ 견과류

재료

그릭 요거트 100g
냉동 과일 80g
견과류 7g
씨앗류 7g
카카오닙스 7g

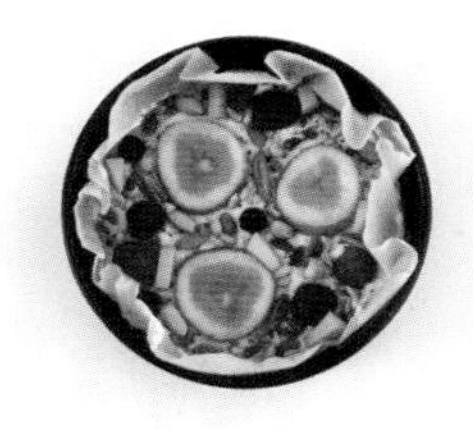

만드는 법

1 모양 틀에 유산지를 깔고 그릭 요거트를 얇게 편다. 취향에 맞게 꿀이나 시럽을 첨가한다.

2 그 위에 준비한 과일류, 견과류, 씨앗류 등을 올려 냉동고에 넣어 2시간 이상 얼린다.

3 적당한 크기로 썰어 소분 포장하거나 용기에 담아 보관한다. 한 번에 담아 보관할 때에는 서로 붙지 않도록 유산지를 사이에 끼워 넣으면 좋다.

TIP

냉동 과일에 우유, 너트 음료, 요거트 등을 붓고 10분 정도 얼리면 셔벗처럼 즐길 수 있다.

곤약
물방울 꿀떡

쫀쫀한 식감을 마음껏 즐겨요
칼로리 걱정은 그만

요리시간
10분

● 콩가루

재료

물 240ml
곤약 분말 3g
콩가루 1큰술
비정제 설탕 1큰술

만드는 법

1 물에 곤약 가루를 넣고 풀어 준 다음 불을 켠다.
2 물이 끓으면 약불에서 2분 정도 저어가며 가열한 후 불을 끈다.
3 용기에 곤약물을 부어 냉장고에 넣어 1시간 정도 굳힌다.
4 비정제 설탕과 물을 1 : 2로 섞은 다음 중불에서 5분 정도 졸인다.
5 굳은 곤약 젤리는 시럽과 콩가루를 곁들인다.

TIP

칼로리가 적고 포만감을 주는 곤약은 다이어트에 좋은 식품이다. 장을 자극해 변비 예방에도 도움을 주며 과즙을 넣으면 다양한 맛으로 즐길 수 있다.

Chapter 5

행복 가득 근사하게 투게더

다이어트 중이라고 사람들을 파티를 즐기지 말란 법은 없어요. 사람들과 다 함께 더 우아하고 근사하게 요리를 즐길 수 있어요. 마음까지 행복해지는 기분을 즐겨보세요.

감자
에그 베네딕트

너트 소스로 맛을 더한 브런치 메뉴
만들기 쉽고 간단하지만

요리시간
20분

● 아스파라거스

○ 감자

재료

감자 120g
달걀 1개
달걀노른자 1개
아스파라거스 30g
캐슈너트 밀크 35ml
그릭 요거트 1큰술
레몬즙 약간
소금 약간
후추 약간

만드는 법

4

1 감자는 삶아 으깬 후 그릭 요거트, 소금, 후추를 넣어 샐러드를 만든다.

2 아스파라거스는 손질하여 팬에 넣고 소금, 후추로 간하고 굽는다.

3 수란을 만든다.

4 중탕하여 냄비에 달걀 노른자와 캐슈너트 밀크를 조금씩 넣어가며 엉기지 않게 빠르게 저어주다가 소금과 레몬즙을 넣어 캐슈너트 다이즈 소스를 만든다.

5 접시에 감자 샐러드, 수란을 올리고 **4**의 캐슈너트 다이즈 소스를 뿌리고 아스파라거스를 곁들인다.

TIP **수란 만들기**

1 속이 깊은 냄비에 물을 끓이다가 기포가 생기면 식초 1큰술을 넣는다. 젓가락 등으로 휘저어 회오리를 만든 다음 달걀을 중앙에 넣어 2분 정도 익힌다.

2 볼에 물을 1/3 정도 붓고 달걀을 깨서 넣은 다음 노른자 부분을 찔러 전자레인지에 넣고 1분 정도 가열한다.

닭 가슴살 감자 돔

색다른 방법으로 만든 프리타타
익숙한 맛이지만

요리시간
50분

● 파프리카
● 당근
● 시금치
○ 감자

재료 (2인분)

감자 270g
닭 가슴살 180g
시금치 40g
빨강 파프리카 40g
당근 20g
달걀 2개
우유 3큰술
올리브유 1큰술
소금 약간
후추 약간

만드는 법

1 닭 가슴살은 삶아 가늘게 찢은 후 소금, 후추를 넣어 섞는다.
2 감자는 슬라이서를 이용해 가늘게 썬 뒤 찬물에 담가 전분기를 제거한 후 물기를 뺀다.
3 시금치는 잎을 떼고 빨강 파프리카, 당근은 작게 다진다.
4 달걀, 다진 빨강 파프리카와 당근, 우유, 소금, 후추를 넣어 달걀물을 만든다.
5 큰 볼에 올리브유를 바르고 물기를 제거한 감자를 돌려 담는다.
6 감자 위에 시금치, 닭 가슴살을 올리고 달걀물을 붓는다.
7 200도로 예열한 오븐에 넣어 30~35분 정도 굽는다.

TIP

파프리카를 직화로 구우면 단맛과 풍미가 증가한다. 껍질을 태우듯 구워 물을 끼얹으면 껍질이 잘 벗겨지고 껍질 벗긴 파프리카는 소스나 드레싱에 활용하면 좋다.

고구마
시금치 달걀구이

영양 듬뿍 재료가 모인다면
어떤 맛일지 상상만으로도 즐거운 요리

요리시간
50분

- 파프리카
- 고구마
- 시금치

재료 (2인분)

고구마 250g
닭 가슴살 180g
시금치 40g
빨강 파프리카 40g
당근 20g
달걀 2개
우유 2큰술
올리브유 1큰술
소금 약간
후추 약간

5

8

만드는 법

1 닭 가슴살은 비닐 봉투 안에 넣어 방망이로 두들겨 얇게 펴고 소금, 후추를 뿌려 밑간해 둔다.

2 시금치는 잎을 떼고 빨강 파프리카와 당근은 작게 다진다.

3 달걀에 다진 파프리카와 당근, 우유, 소금, 후추를 넣고 섞어 달걀물을 만든다.

4 고구마는 긴 쪽으로 얇게 슬라이스 하여 210도로 예열한 오븐에 넣어 7분 정도 굽는다.

5 빵 팬에 올리브유를 바르고 고구마를 돌리며 담는다.

6 고구마 위에 닭 가슴살, 시금치, 고구마 순으로 올린다.

7 그 위에 달걀물을 붓고 닭 가슴살을 한 번 더 올린다.

8 맨 처음 겹쳐 올린 고구마로 닭 가슴살 위를 감싸듯 덮어 200도로 예열한 오븐에 넣어 30~35분 정도 굽는다.

TIP

고구마는 표면이 움푹 파인 부분이 없고 매끄러운 것이 좋으며 품종에 따라 차이가 있긴 하지만 형태가 가늘고 긴 것이 섬유소가 풍부하다.

- 파프리카
- 파프리카
- 시금치
- 콜리플라워

콜리플라워 키쉬

요리시간 50분

밀가루 대신 콜리플라워로 만든
담백한 맛이 일품인 키쉬

재료 (2인분)

콜리플라워 420g
양송이버섯 50g
시금치 30g
빨강 파프리카 25g
주황 파프리카 25g
노랑 파프리카 25g
래디쉬 15g
달걀 2개
캐슈넛밀크 30ml
타이거너트 파우더 2큰술
올리브유 1큰술
소금 약간
후추 약간

만드는 법

1 콜리플라워는 강판에 갈고 소금을 넣어 살짝 절인 다음 수분을 제거한다.
2 수분을 제거한 콜리플라워에 타이거너트 파우더, 달걀1/2개, 후추를 넣고 반죽한다.
3 파이 틀에 올리브유를 바르고 콜리플라워 반죽을 골고루 편다.
4 220도로 예열한 오븐에 넣어 10분 정도 굽는다.
5 파프리카, 양송이버섯, 시금치는 먹기 좋은 크기로 썰고, 팬에 넣어 센불에서 살짝 볶는다.
6 달걀은 풀고 캐슈너트 밀크, 소금, 후추를 넣어 달걀물을 만든다.
7 콜리플라워 파이가 완성되면 그 위에 볶은 채소와 얇게 썬 래디시를 올리고 달걀물을 붓는다.
8 180도로 예열한 오븐에 넣어 25~30분 정도 굽는다.

TIP

콜라플라워를 데쳐서 사용할 경우에는 끓는 물에 식초나 레몬을 조금 넣고 데친 후에 찬물로 헹구지 말고 체에 밭쳐서 물기를 빼면서 남은 열로 마지막까지 부드럽게 익히면 하얗고 깨끗해진다.

밤호박 삼색구이

밤맛 나는 재료들이 모여 있는 구이

요리시간
50분

- 밤호박
- 병아리콩
- 시금치

재료 (2인분)

밤호박 1개
삶은 병아리콩 60g
당근 20g
시금치 15g
슈레드 치즈 15g
달걀 1개
타이거너트 파우더 1큰술
소금 약간
후추 약간

만드는 법

3

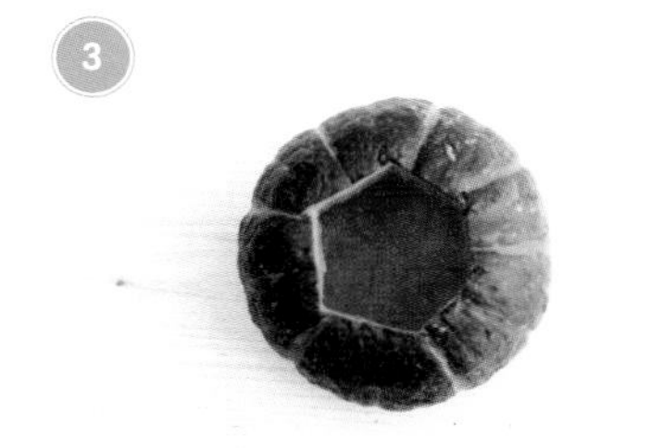

4

1. 시금치는 삶아 물기 꼭 짠 후 곱게 다지고, 당근은 강판에 갈아 수분을 제거하여 준비한다.
2. 8시간 이상 불려 30분 정도 삶은 병아리콩을 준비한다.
3. 밤호박은 전자레인지에 넣어 3~5분 정도 가열하여 살짝 익힌 다음 뚜껑 부분을 잘라내어 속을 파낸다.
4. 삶은 병아리콩에 달걀, 타이거너트 파우더를 넣고 블렌더를 이용해 곱게 갈고 1의 시금치와 당근, 달걀을 넣어 3가지 색의 병아리콩 반죽을 만든다.
5. 속을 파낸 밤호박 안에 3가지 색의 병아리콩 반죽을 넣는다.
6. 180도로 예열한 오븐에 넣어 25~30분 정도 구운 다음 슈레드 치즈와 곁들인다.

TIP

단호박은 노랗게 익으면서 당질 함량이 증가하여 소화가 잘되는 특징이 있으니 특히 위장이 약한 사람들에게 좋다.

브로콜리 돔

상상 속의 그 맛을 느껴보세요
노란 무스 안에는 무엇이 들어있을지

요리시간
50분

- 파프리카
- 단호박
- 브로콜리
- 감자

재료 (2인분)

브로콜리 1송이
닭 가슴살 160g
단호박 150g
감자 120g
빨강 파프리카 40g
슈레드 치즈 30g
타이거너트 파우더 1큰술
마늘 2쪽
소금 약간
후추 약간

만드는 법

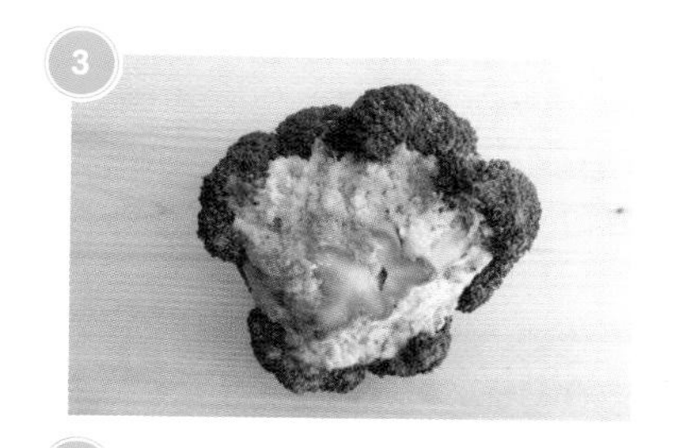

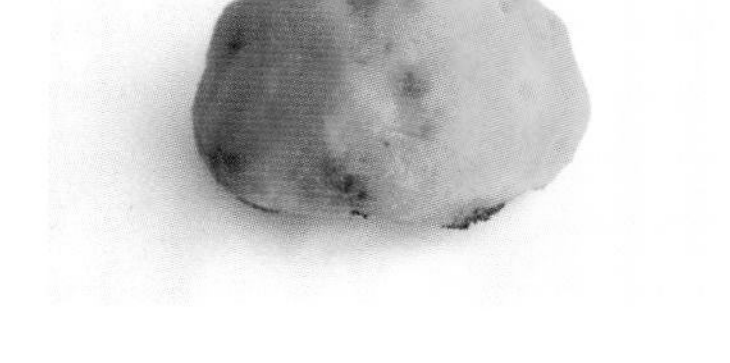

1 닭 가슴살, 빨강 파프리카, 마늘을 다진 후 소금, 후추, 타이거너트 파우더를 넣어 반죽한다.

2 단호박, 감자는 삶고 쫀득한 질감을 위해 블렌더로 갈아준다.

3 브로콜리 기둥 쪽으로 닭 가슴살 반죽을 채운 후 기둥이 위가 되도록 거꾸로 오븐 팬에 올린다.

4 200도로 예열한 오븐에 넣어 12~15분 정도 굽는다.

5 구워진 브로콜리를 꺼내 기둥을 아래로 하여 뒤집은 뒤 단호박 무스를 골고루 덮는다.

6 단호박 무스 위에 슈레드 치즈를 뿌린다.

7 220도로 예열한 오븐에 넣어 5~7분 정도 더 굽는다.

TIP

브로콜리는 줄기 부분에 영양분이 많으므로 버리지 말고 줄기 부분의 단단한 부분은 필러로 벗긴 후 작게 썰어 넣거나 스파이럴라이저를 이용해 채소면으로 뽑아 면 대신 볶음요리에 활용하면 좋다.

● 토마토

● 파프리카

● 파프리카

○ 양배추

가자미 양배추 롤

요리시간
30분

담백한 가자미 살이 부드럽게 감싸
마음까지 녹여줄 따뜻한 요리

재료

- 가자미 100g
- 양배추 120g
- 감자 80g
- 빨강 파프리카 20g
- 노랑 파프리카 20g
- 달걀 1/2개
- 토마토케첩 2큰술
- 볶은 귀리 가루 2큰술
- 소금 약간
- 후추 약간

만드는 법

4

5

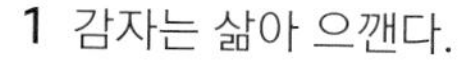

1 감자는 삶아 으깬다.

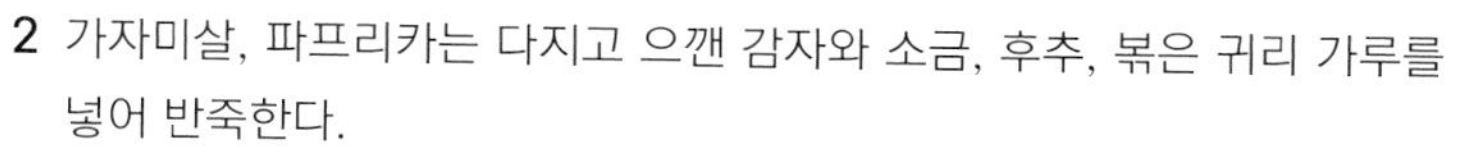

2 가자미살, 파프리카는 다지고 으깬 감자와 소금, 후추, 볶은 귀리 가루를 넣어 반죽한다.

3 양배추는 한 장씩 떼어 봉투에 담아 전자레인지에 넣고 2분 정도 돌려 숨이 죽을 정도로만 익힌다.

4 찐 양배추 위에 가자미살 반죽을 펴 발라 돌돌 만다.

5 전용 용기에 양배추 롤을 담아 전자레인지에 넣고 5분 정도 가열한다.

6 냄비에 토마토케첩과 물을 넣어 묽게 끓여 소스를 만든다.

7 그릇에 양배추 롤을 담고 소스를 곁들인다.

TIP

양배추는 열을 가해도 영양소 손실이 거의 없으며, 단맛이 많이 나는 채소로 겉은 윤기가 돌며 들어봤을 때 속이 꽉 차고 묵직한 것을 고르는 게 좋다.

귀리 곤약밥 오징어순대

오징어 속에 살포시 숨겨 있는
갖가지 재료의 맛을 느낄 수 있어요

요리시간
30분

- ● 파프리카
- ● 당근
- ● 청양고추
- ○ 두부
- ○ 양파

재료

오징어 몸통 110g
귀리 곤약밥 50g
두부 40g
양파 20g
빨강 파프리카 15g
당근 15g
청양고추 1개
달걀 1/2개
볶은 귀리 가루 1큰술
소금 약간
후추 약간

만드는 법

1 오징어는 배를 가르지 않고 내장을 빼내 몸통을 손질한다.

2 빨강 파프리카, 당근, 청양고추, 양파는 잘게 다진다.

3 두부는 수분을 최대한 제거하여 으깬다.

4 귀리 곤약밥, 다진 채소, 으깬 두부, 달걀, 볶은 귀리가루, 소금, 후추를 넣어 치대듯이 반죽한다.

5 오징어 몸통 안에 볶은 귀리 가루를 넣은 후 입구를 손으로 잡고 살살 흔들어 골고루 묻힌 후 오징어를 1cm 정도 남기고 반죽을 채운 다음 꼬지로 입구를 막는다.

6 전용 용기에 담아 전자레인지에 넣고 6분 정도 가열한 후 한 김 식으면 먹기 좋은 크기로 자른다.

TIP

귀리는 불포화지방산과 단백질이 풍부한 정백하지 않은 곡식으로 섬유질도 풍부하여 변비에 좋다.

그린
두부 퐁뒤

먹을 수 있어 더 맛있는 퐁뒤
원하는 대로 콕콕 찍어

요리시간
20분

● 토마토
● 병아리콩
● 시금치
○ 두부

재료

캐슈너트 밀크 100ml
호밀 빵 70g
새우 70g
삶은 병아리콩 60g
시금치 20g
두부 1/4모
키위 1개
방울토마토 3알
파마산 치즈 1큰술
소금 약간
후추 약간

만드는 법

1 8시간 이상 불리고 30분 이상 삶은 병아리콩을 준비한다.
2 새우는 소금, 후추로 맛을 내 팬에 넣고 굽는다.
3 두부는 전자레인지에 넣고 1분 30초 정도 가열한다.
4 시금치는 적당한 크기로 썬다.
5 삶은 병아리콩, 두부, 시금치, 캐슈너트 밀크를 블렌더로 곱게 갈은 후 냄비에 부어 끓인다.
6 끓어오르면 불을 줄이고 파마산 치즈를 넣어 저으면서 농도를 맞춰 2분 정도 끓인다.
7 호밀 빵, 과일은 한 입 크기로 자른다.
8 그린 두부 소스와 준비한 새우, 호밀 빵, 과일을 함께 낸다.

TIP

새우는 배 쪽에 칼집을 듬성듬성 낸 다음 등 쪽으로 한 번 꺾어서 요리하면 새우가 구부러지는 것을 막을 수 있다.

단호박
오트밀 뇨끼

뇨끼에 너트 밀크로 고소함을 더했어요
단호박으로 단맛을 더한

요리시간
30분

- 파프리카
- 단호박
- 양송이버섯
- 양파

재료

캐슈너트 밀크 150ml
단호박 100g
닭 가슴살 소시지 70g
양파 60g
양송이버섯 50g
빨강 파프리카 20g
오트밀 가루 3큰술
콩가루 1큰술
슈레드 치즈 1큰술
올리브유 1/2큰술
바질 약간
소금 약간
후추 약간

만드는 법

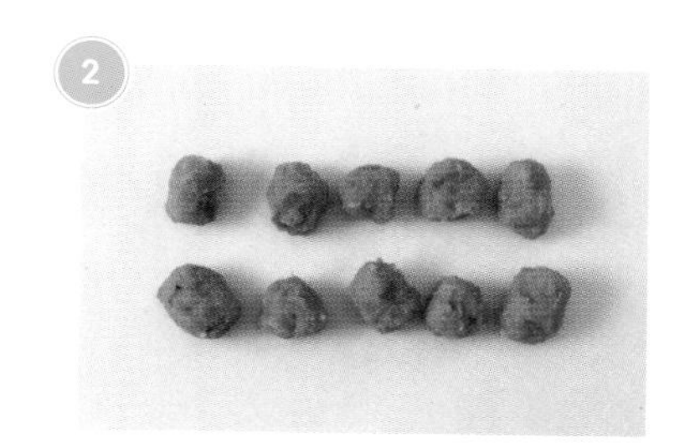

1 단호박은 삶아 으깬 후 오트밀 가루, 소금을 넣어 반죽한다.
2 동그란 모양으로 빚어 끓는 물에 2분 정도 삶아 떠오르면 건져 찬물에 헹궈 식힌다.
3 빨강 파프리카, 양파는 뇨끼 크기와 비슷하게 큼직하게 썰고 닭 가슴살 소시지는 어슷하게 썬다.
4 올리브유를 두른 팬에 양파를 먼저 볶다가 양송이버섯, 닭 가슴살 소시지, 빨강 파프리카를 넣어 센 불에서 볶는다.
5 불을 줄이고 캐슈너트 밀크, 콩가루를 넣어 끓인다.
6 완성되면 뇨끼를 넣어 섞고 소금, 후추로 맛을 낸다.
7 그릇에 담아 슈레드 치즈를 뿌리고 바질을 곁들인다.

TIP

버섯은 냉동 상태로 가열조리에 넣고 사용해도 맛과 모양이 크게 달라지지 않으므로 사용하고 남았다면 손질한 뒤 적당한 크기로 잘라 지퍼 백에 담아 냉동 보관한다.

● 방울토마토

● 루꼴라

● 올리브

○ 양파

루꼴라 플랫 피자

요리시간

20분

구워낸 라이스 페이퍼에

향기로운 루꼴라를 올린 바삭한 피자

재료

닭 가슴살 소시지 70g
방울토마토 50g
양파 40g
베이비 루꼴라 20g
올리브 15g
슈레드 치즈 15g
달걀 1/2개
라이스 페이퍼 2장
메이플시럽 1작은술
발사믹 식초 약간
올리브유 약간
소금 약간
후추 약간

만드는 법

1. 닭 가슴살 소시지는 둥글게 썰고, 양파는 굵게 다지고 방울토마토는 반으로 자른다.
2. 올리브유를 두른 팬에 양파를 넣어 볶다가 닭 가슴살 소시지, 방울토마토를 넣어 볶은 다음 소금, 후추로 맛을 낸다.
3. 라이스 페이퍼의 한 쪽 면에 달걀물을 바르고 앞뒤로 살짝 굽는다. 젓가락으로 양쪽 끝을 잠시 잡고 있어야 말리지 않는다.
4. 구운 라이스 페이퍼 위에 메이플시럽을 뿌리고 볶은 재료를 올린다.
5. 베이비 루꼴라, 올리브를 올리고 취향에 맞게 발사믹 식초, 올리브유, 슈레드 치즈를 뿌린다.

TIP

방울토마토를 반으로 자를 때 한 개씩 잘라도 되지만 뒷면에 홈이 있는 접시 사이에 토마토를 올리고 위의 접시를 살짝 누른 상태에서 칼을 가로로 넣으면 여러 개를 쉽게 자를 수 있다.

● 토마토

● 아보카도

● 적양파

참치 타르타르와 당근면 두부 와플

요리시간
30분

프랑스식 육회 요리
타르타르를 참치로 만들었어요

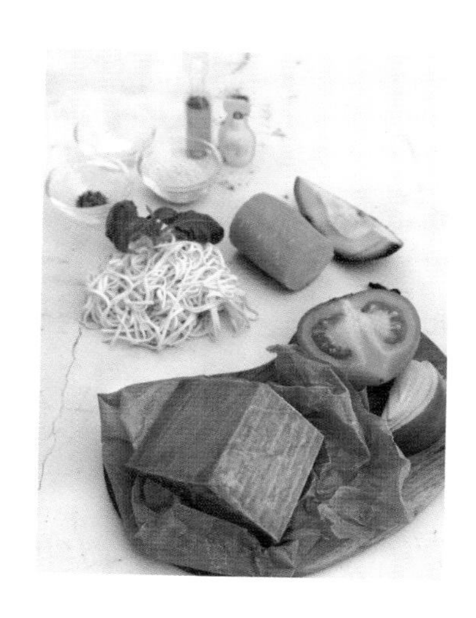

재료

참치 100g
토마토 80g
당근 50g
적양파 20g
아보카도 1/4개
면 두부 15g
볶은 귀리 가루 2큰술
올리브유 1큰술
바질 약간
레몬즙 약간
소금 약간
후추 약간

만드는 법

1 참치는 1X1cm 정도로 깍뚝 썬다.
2 토마토, 아보카도, 적양파도 비슷한 크기로 썬다.
3 올리브유, 레몬즙, 소금, 후추를 섞어 소스를 만든다.
4 준비한 채소와 소스를 넣어 버무려 접시에 담고 그 위에 참치, 바질을 올린다. (무스 틀을 이용하면 쉽게 모양을 잡을 수 있다.)
5 당근은 채칼을 이용해 길게 채 썰고 면두부는 물기를 뺀다.
6 당근 채, 면 두부에 볶은 귀리 가루와 물 4큰술 정도 넣어 반죽이 엉길 정도의 상태로 섞는다.
7 달군 와플 팬에 올리브유를 두르고 반죽을 올려 10~12분 정도 앞뒤로 약불에서 굽는다.

TIP

레몬이나 라임 등 즙을 짤 때, 반으로 자르기 전 전자레인지에 20초 정도 돌려 따뜻하게 만든 뒤 도마 위에 올리고 손바닥으로 지그시 누르면서 몇 번 굴려준 다음 반으로 잘라 즙을 짜면 남김없이 알뜰하게 짤 수 있다.

● 아보카도

○ 두부

구운 두부 에그 부르스케타

요리시간 25분

바삭한 두부 위에
부드러운 달걀을 올려 먹어요

재료

쌈 두부 60g
새우 60g
아보카도 1/4개
달걀 1개
우유 1큰술
올리브유 1/2큰술
레몬즙 약간
소금 약간
후추 약간

만드는 법

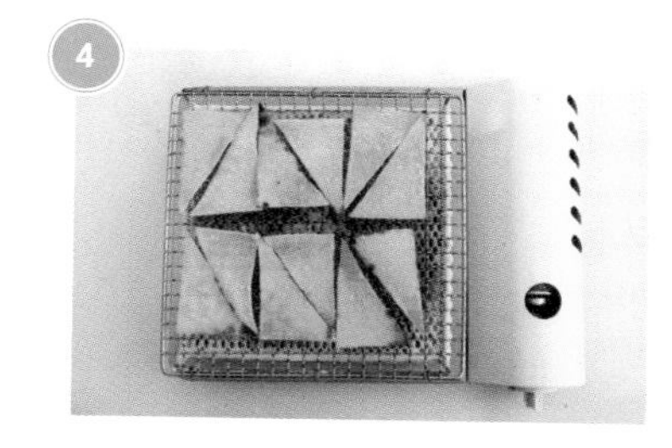

1 새우는 손질하여 데친 후 작은 주사위 모양으로 썬다.
2 아보카도는 손질하여 새우와 같은 크기로 썰어 레몬즙을 뿌린다.
3 볼에 달걀, 우유를 넣어 잘 섞은 후 올리브유를 두른 팬에 부어 부드럽게 스크램블을 만든다.
4 쌈 두부는 앞뒤로 노릇하게 굽는다.
5 새우, 아보카도, 스크램블을 섞고 소금, 후추를 넣어 맛을 낸다.
6 구운 두부와 새우 달걀 스크램블을 곁들인다.

TIP

칵테일 새우를 해동했을 때 비릿함과 냉동 특유의 냄새가 난다면 소금과 전분 가루를 약간 뿌리고 가볍게 문질러 씻은 후 식소다를 조금 녹인 물에 20분 정도 담가두면 냄새도 사라지고 새우 살이 다시 포동포동하게 살아난다.

한 입 까나페

근사하게 즐기는 홈파티 요리
함께하고 싶은 사람들과 간단하게 만들어

요리시간
20분

- 파프리카
- 당근
- 파프리카
- 아보카도
- 오이
- 적양파

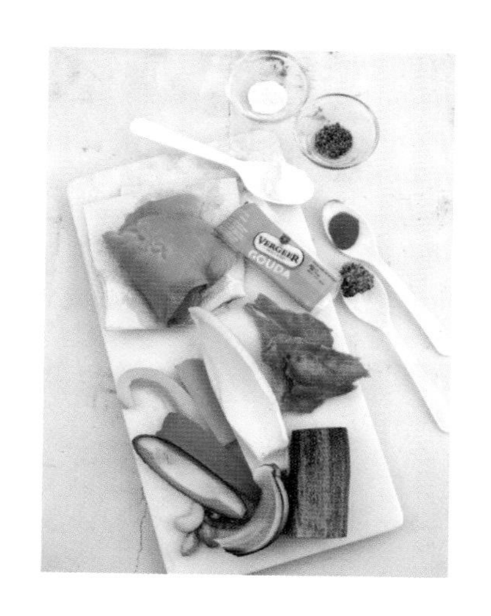

재료

오이 80g
훈제연어 40g
적양파 30g
앤다이브 30g
빨강 파프리카 20g
노랑 파프리카 20g
고다치즈 15g
당근 15g
아보카도 10g
닭 가슴살 칩 7g
견과류 3g
그릭 요거트 1큰술
홀그레인 머스타드 1작은술
스리라차 소스 1작은술
소금 약간
후추 약간

만드는 법

닭 가슴살 칩 까나페

1 닭 가슴살 칩 위에 홀그레인 머스타드를 바르고 치즈와 견과류를 올린다.

오이 링 스시

2 오이는 티스푼을 이용해 가운데 구멍을 파낸 다음 길게 채 썬 파프리카, 아보카도, 적양파를 끼워 넣어 먹기 좋은 크기로 자른다. 애플코어러를 사용하면 쉽게 구멍을 만들 수 있다.

3 그릭 요거트와 스리라차 소스, 소금, 후추를 섞은 소스를 만들어 곁들인다.

훈제연어보트

4 앤다이브를 한 잎씩 떼고, 적양파는 작게 주사위 모양으로 썬다.

5 앤다이브 위에 적양파, 훈제연어를 올리고 후추를 뿌린다. 취향에 맞게 케이퍼 등 곁들이면 좋다.

TIP

양파는 자르는 방향에 따라 맛과 식감이 달라지는데, 결대로 자르면 매운맛과 씹는 느낌이 살아 볶음요리 등 가열요리에 사용하는 것이 좋다. 직각 방향으로 자르면 매운맛이 빠져나가고 조직이 끊어져 부드러워지기 때문에 샐러드, 무침 등에 사용하면 좋다.

Chapter 6

지나치면 아쉬운 그날

특별한 기념일, 다 같이 즐기는 그날에는 칼로리의 부담을 줄여
마음껏 즐길 수 있어요.

● 실파

○ 두부

황태 현미 떡국

요리시간
20분

황태로 맛을 내 구수하고 두부를 넣어
칼로리 부담을 줄인 담백한 설날 떡국

재료

현미떡 150g
두부 1/4모
황태 6g
달걀 1개
간장 1/2큰술
들기름 1큰술
실파 약간
소금 약간
후추 약간

만드는 법

1 현미 떡은 어슷하게 둥근 모양으로 썰어 찬물에 잠시 담가둔다.

2 두부는 0.5cm 정도 두께로 썰어 오일을 두르지 않은 코팅 팬에 노릇하게 부친다.

3 부친 두부는 한 김 식혀 주사위 모양으로 깍둑 썰어 간장을 넣어 버무린다.

4 달걀은 흰자와 노른자를 분리하여 약불에서 지단을 부친다.

5 황태는 물에 헹구고 들기름을 두른 냄비에 볶다가 물을 붓고 맛이 우러나도록 끓인다.

6 국물이 뽀얗게 우러나면 현미 떡을 넣고 끓인다.

7 현미 떡이 떠오르면 불을 끄고 소금, 후추로 간을 한 다음 그릇에 담아 고명으로 준비한 두부, 달걀지단, 실파를 올린다.

TIP

황태는 생태가 얼고 녹고 마르기를 반복하는 과정에서 지방과 염분이 씻겨나가 담백한 맛을 내게 되며 지방함량이 낮고 아미노산이 풍부하다.

- 크랜베리
- 밤
- 찹쌀

현미 견과류 약밥

요리시간
40분

정월 대보름을 맞아 함께 먹을 수 있는
정성 가득한 약밥

재료

찹쌀 2/3컵
현미 찹쌀 1/3컵
밤 4알
견과류 15g
크랜베리 10g
물 1/2컵
비정제 설탕 3큰술
간장 1큰술
올리고당 1큰술
참기름 1큰술
시나몬 가루 약간

만드는 법

1 찹쌀과 현미 찹쌀은 씻은 후 6시간 이상 충분히 불린 다음 체에 밭쳐 물기를 충분히 뺀다.

2 작은 그릇에 간장, 비정제 설탕, 올리고당, 참기름, 시나몬, 물을 넣어 소스를 만든다. 이때 참기름은 1/2큰술만 넣는다.

3 전기밥솥 내피에 불린 찹쌀, 견과류, 밤, 크랜베리, 소스를 넣어 섞은 다음 전기밥솥 안에 넣고 취사 기능으로 가열한다.

4 완성되면 남은 1/2큰술의 참기름을 넣어 잘 저은 후 틀에 넣거나 스쿱을 이용해 모양을 잡은 다음 식힌다.

TIP

현미 찹쌀은 따뜻한 성질이 있는 곡물로 몸을 따뜻하게 보해주고, 도정을 다 하지 않아 거친 식이섬유도 섭취할 수 있으며 속을 편안하게 해준다.

칙피 쇼콜라

비건 초콜릿으로 달콤한 사랑을 전해요
약콩 분말을 사용해 만든

요리시간
25분

- 병아리콩
- 말차
- 카카오

재료

불린 병아리콩 1컵
비건 초콜릿 30g
100% 카카오 가루 2큰술
말차 가루 2큰술

만드는 법

1 병아리콩은 8시간 이상 충분히 불린 후 체에 밭쳐 물기를 제거한다.

2 에어프라이어에서 160도로 12분 정도 굽는다. 꺼내자마자 톡톡 터질 수 있으니 잠시 두었다가 꺼낸다.

3 병아리콩을 굽는 동안 초콜릿을 중탕하여 녹인다.

4 구운 병아리콩에 중탕한 초콜릿을 넣어 저으면서 코팅한다. 이 과정을 3~4번 반복한다.

5 100% 카카오 가루, 말차 가루를 넣은 봉투에 초콜릿으로 코팅한 병아리콩을 넣고 흔들어 골고루 묻힌다.

TIP

사용한 비건 초콜릿은 약콩 분말을 포함한 무설탕 초콜릿이며, 다크 초콜릿이나 단백질 함량이 많은 초콜릿을 이용할 수 있다.

퀴노아 닭죽

퀴노아로 만든 여름 보양식
신이 내린 곡물이라 알려진

요리시간
20분

- 당근
- 부추
- 퀴노아

재료

닭 가슴살 100g
퀴노아 50g
당근 10g
부추 5g
마늘 5쪽
소금 약간
후추 약간

만드는 법

1 퀴노아는 체에 밭쳐 씻는다.
2 당근은 다지고 부추는 잘게 썬다.
3 냄비에 물을 붓고 닭 가슴살, 통마늘을 넣어 푹 끓이다가 닭 가슴살은 건져 찢는다.
4 닭 육수에 퀴노아를 넣어 저으면서 익히다가 닭 가슴살, 당근, 부추를 넣어 한 번 더 끓인다.
5 다 익으면 취향에 맞게 소금, 후추로 맛을 낸다.

TIP

퀴노아는 촘촘한 체에 밭쳐 씻은 후 물에 10분 정도 불렸다가 건져내고 전용 용기에 담아 퀴노아가 잠길 정도로 물을 부어 전자레인지에 넣고 3~5분 정도 익히면 샐러드 등에 사용할 수 있다.

곤약
닭 가슴살 꼬치 전

추석 명절에 빠질 수 없는 전 요리를
저칼로리 곤약과 단호박묵으로 만들어요

요리시간
25분

- 단호박
- 실파

재료

닭 가슴살 100g
곤약 70g
단호박 올방개묵 70g
실파 2뿌리
스리라차 소스 1큰술
스위트 칠리소스 1/2큰술
올리브유 1큰술

만드는 법

1 곤약, 단호박 올방개묵, 삶은 닭 가슴살, 실파는 비슷한 크기로 길게 썬다.
2 곤약은 식초를 넣은 물에 살짝 데쳐 헹군다. 단호박 올방개묵은 끓는 물에 데쳐 부드럽게 만든다.
3 닭 가슴살, 곤약, 쪽파를 꼬치에 꽂아 올리브유를 두른 팬에 앞뒤로 굽는다.
4 묵은 부서질 수 있으니 전을 구운 후에 꽂아 완성한다.
5 스리라차 소스와 스위트 칠리소스를 섞어 매콤한 소스를 만들어 곁들인다.

TIP

단호박 올방개묵 이외에 메밀묵, 청포묵, 도토리묵을 사용해도 좋다. 묵에는 여러 영양소가 들어 있고 색깔이 고운 묵을 이용하면 식욕을 자극하고 영양가도 높일 수 있어 좋다.

오트밀 팥죽

달콤한 팥앙금이 만난 동지팥죽
구수한 오트밀과

요리시간
10분

● 팥

○ 오트밀

재료

팥 앙금 70g
오트밀 35g
고구마 30g
햄프씨드 약간
비정제 설탕 약간

만드는 법

1 냄비에 물 1과 1/2컵을 붓고 오트밀, 팥 앙금을 넣어 저으면서 5분 정도 끓인다.

2 고구마는 삶아 동그랗게 뭉쳐 고명으로 준비한다.

3 그릇에 죽을 담고 고구마 새알심과 햄프씨드를 뿌린다.

4 취향에 맞게 소금이나 설탕을 추가한다. 비정제 설탕을 약간 뿌리고 토치로 그을리면 색다른 맛을 느낄 수 있다.

(팥앙금 만들기 133쪽 TIP 참고)

TIP

팥은 쌀보다 단백질 함량이 높고 혈당(GI)지수가 낮아 혈당을 천천히 낮추므로 다이어트에 적합한 곡물이다.

브로콜리 트리

재미를 더한 크리스마스트리 모양의 샐러드
브로콜리와 단호박으로 영양과

요리시간
20분

- 방울토마토
- 단호박
- 브로콜리

재료

단호박 80g
브로콜리 70g
방울토마토 10알
달걀 1개
그릭 요거트 1큰술
소금 약간
후추 약간

만드는 법

4

1 단호박과 달걀은 삶는다.
2 브로콜리는 작게 떼어 끓는 물에 데친다.
3 삶은 단호박을 으깨고 달걀은 굵게 다진 후 그릭 요거트, 소금, 후추를 넣고 버무려 샐러드를 만든다.
4 단호박 샐러드는 삼각기둥으로 모양을 잡은 후 브로콜리와 방울토마토를 꽂아 트리 모양으로 만든다.

TIP

단호박의 비타민 C는 브로콜리에 많이 들어 있는 철분 흡수를 도와준다.

스페셜
레시피

입맛에 맞게 드레싱 만들기

같은 재료를 사용하더라도 만드는 방법에 따라 전혀 다른 맛을 낼 수도 있어요. 다양한 맛의 드레싱을 즐겨보세요. 한번 만들 때 5~6회분 정도 만들어 소분해두고 사용하는 게 좋아요. (계량 기준은 2~3회분)

고소한 드레싱

구운 양파 두부 드레싱

두부 1/4모, 구운 양파 10g,
구운 마늘 1/2쪽, 아몬드 3g,
레몬즙 1작은술, 소금 약간, 후추 약간

콩가루 캐슈너트 드레싱

콩가루 2큰술, 캐슈너트 밀크 150ml,
올리고당 1큰술, 레몬즙 1작은술, 소금 약간

상큼한 드레싱

옥수수 콘 라임 드레싱

옥수수캔 30g, 요거트 3큰술,
올리고당 1큰술, 라임즙 1작은술,
소금 약간

키위 요거트 드레싱

키위 1개, 요거트 3큰술, 꿀 1큰술,
레몬즙 1작은술, 소금 약간

<table>
<tr>
<td>

매콤한 드레싱

토마토 땅콩 드레싱

토마토 80g, 스위트 칠리 1큰술, 올리브유 1큰술,
다진 마늘 1작은술, 땅콩스프레드 1작은술,
레몬즙 1작은술, 소금 약간

홀그레인 요거트 드레싱

요거트 3큰술, 다진 양파 5g, 올리고당 1큰술,
홀그레인 1작은술, 레몬즙 1작은술, 소금 약간

</td>
<td>

감칠맛 드레싱

타이식 드레싱

다진 고추 5g, 올리브유 2큰술,
참치액(피시소스) 1큰술, 레몬즙 1/2큰술,
딜(또는 바질) 1작은술, 다진 마늘 1/2작은술

갈릭 머스타드 드레싱

올리브유 2큰술, 머스타드 1큰술, 꿀 1큰술,
다진 마늘 1작은술, 레몬즙 1작은술, 소금 약간,
후추 약간

</td>
</tr>
</table>

단백질을 채워 줄 다양한 닭 가슴살 레시피

신선한 닭으로 조리해서 바로 먹는 것이 가장 좋지만 매번 조리하는 것이 번거로울 때 사용 할 수 있는 닭 가슴살 요리예요. 취향에 맞게 허브나 조미료를 이용해 자신의 입맛에 맞는 나만의 레시피로 만들어 보세요.

부드러운 허브 닭 가슴살

재료

닭 가슴살 100g, 양파 40g, 허브 시즈닝 1큰술, 소금 약간, 후추 약간

만드는 법

1 깊은 팬에 닭 가슴살을 넣고 잠길 만큼 물을 넣는다.

2 양파와 허브를 뿌리고 15분 정도 약불에서 익힌다. 취향에 맞게 소금과 후추를 넣는다.

3 수분이 조금 남아 있는 상태에서 불을 끄고 뚜껑을 덮은 채로 식힌다.

구운 닭 가슴살

재료

닭 가슴살 100g, 통마늘 3쪽, 소금 약간, 후추 약간

만드는 법

1 에어프라이어에 닭 가슴살, 마늘 순으로 올린다. 취향에 맞게 소금과 후추를 넣는다.

2 200도에서 10분 정도 먼저 익히고 익은 마늘과 닭 가슴살을 뒤집어 200도에 5분 정도 더 익힌다.

3 닭이 익었으면 그대로 식힌 후 포장한다. 다 익은 마늘을 숟가락으로 닭 가슴살 표면에 펴 발라 먹어도 맛있다.

칠리페퍼 토마토 닭 가슴살

재료

닭 가슴살 100g, 토마토 70g, 양파 40g, 파프리카 파우더 1/2큰술, 카엔페퍼 1작은술

만드는 법

1 토마토는 껍질을 벗겨(생략해도 된다.) 양파와 물 100ml를 블렌더에 넣어 곱게 갈아 토마토소스를 만든다. 취향에 맞게 소금과 후추를 넣는다.

2 냄비에 닭 가슴살, 토마토소스를 넣고 약불에서 익힌다.

3 소스가 거의 졸아 들면 파프리카 파우더, 카엔페퍼를 뿌린다. (커리 파우더나 바질페스토를 사용해도 좋다.)

흑임자 카레 닭 가슴살 볼

재료

닭 가슴살 100g, 자투리 채소 30g, 볶은 귀리 가루 1큰술, 흑임자 1/2큰술, 소금 약간, 후추 약간

만드는 법

1 준비한 재료를 다진다.

2 다진 재료에 볶은 귀리 가루와 소금, 후추를 넣어 치대듯 반죽한다. (오트밀, 타이거너트, 통밀 가루 등 있는 재료를 사용한다.)

3 먹기 좋은 크기로 동그랗게 빚는다.

4 에어프라이어 180도에서 중간에 한번 굴려주고 10분 정도 굽는다. 프라이팬, 오븐으로 구워도 좋다.

두부 듬뿍 새우 큐브

TIP 얼음 틀에 채운 그대로 냉동해 지퍼 백에 담아 보관하였다가 필요할 때 꺼내 전자레인지에 익혀 먹어도 된다.

재료

고구마 60g, 두부 40g, 새우 30g, 자투리 채소 30g, 타이거너트 파우더 1큰술, 소금 약간, 후추 약간

만드는 법

1 두부는 꾹 짜서 물기를 제거한다.
2 고구마는 삶아 으깨고 새우와 채소는 작게 다진다.
3 준비한 재료는 모두 섞은 후 실리콘 얼음 틀에 담아 전자레인지에 넣고 3분 정도 가열한다

매콤한 버섯 스테이크

재료

닭 가슴살 90g, 버섯 50g, 자투리 채소 30g, 마늘 1쪽, 오트밀 가루 1큰술, 파프리카 파우더 1작은술, 굴소스 1작은술, 후추 약간

만드는 법

1 버섯은 데쳐 물기를 꾹 짜서 준비한다.
2 닭 가슴살과 버섯, 채소는 작게 다진다.
3 준비한 재료를 모두 섞어 치대듯 반죽한다.
4 둥글게 모양 잡아 에어프라이어에서 180도로 7분 굽고 뒤집어서 5분 정도 더 굽는다.

채소 듬뿍 견과 스쿱

재료

두부 100g, 삶은 병아리콩 60g, 냉동 믹스 채소 40g, 견과류 7g, 달걀 1개, 타이거너트 파우더 1큰술, 커리 파우더 1작은술, 소금 약간, 후추 약간

만드는 법

1 두부는 꼭 짜서 물기를 제거한다.

2 삶은 병아리콩은 으깨고 견과류는 굵게 다진다.

3 준비한 재료를 모두 섞어 치대듯이 섞는다.

4 스쿱으로 모양을 잡아 에어프라이어에서 200도로 8분 정도 굽는다.

코코넛 안심텐더

재료

닭 안심 100g, 코코넛 슬라이스 3큰술, 허브 시즈닝 1작은술, 소금 약간, 후추 약간

만드는 법

1 힘줄을 제거한 닭 안심은 소금, 후추, 허브 시즈닝을 넣어 버무린 후10분 정도 재운다.

2 재운 닭 안심에 코코넛 슬라이스를 묻힌다.

3 에어프라이어에서 160도로 7분 굽고 뒤집어 5분 정도 더 굽는다.

닭 가슴살 육포

재료

닭 가슴살 120g, 허브 시즈닝 1작은술, 소금 약간, 후추 약간

만드는 법

1 닭 가슴살은 0.3cm 정도 두께로 슬라이스 하고 흐르는 물에 씻은 다음 식초물(닭1kg 기준 식초 3큰술)에 넣어 30분 담가둔다.

2 주물러서 여러 번 헹군 후 종이 타월을 이용해 물기를 제거한다.

3 허브 시즈닝, 소금, 후추를 넣어 버무린 다음 건조기에 올려 60도로 8시간 정도 중간에 뒤집어 주면서 건조한다. 커리 파우더나 카옌페퍼 등을 사용해도 좋다.

PLUS TIP **손질 및 프렙하는 요령**

- 닭 가슴살에 붙어 있는 지방, 닭 안심의 흰색 힘줄은 깨끗이 제거 후 사용한다.
- 냉동 닭 가슴살은 해동 후 부드럽게 만들고, 누린내를 잡기 위해 우유에 30분 정도 담갔다가 사용한다. 생략해도 괜찮다.
- 1회 분량으로 소분 후 지퍼 백이나 실링봉투에 담아 냉장 보관(7일 이내)이나 냉동 보관한다.
- 실링기가 없다면 헤어 매직기를 이용하여 열처리 밀봉을 하면 깔끔하다.